铜镍合金组织性能及耐蚀性预测

Microstucture Properties and Corrosion Resistance Prediction of Copper-Nickel alloys

汪志刚　汪 航　董跃华　张迎晖　编著

北 京
冶 金 工 业 出 版 社
2022

内容简介

本书系统介绍了B10铜镍合金的组织与性能调控，重点分析稀土钇对该合金的组织与耐蚀性能的影响，并基于图像处理和神经网络技术建立B10合金的耐蚀性能的预测模型。主要内容包括：合金元素在铜镍合金中的作用；晶界工程及层错在铜镍合金中的研究现状；神经网络在性能预报中的作用；B10白铜合金组织与性能研究方法以及晶界图像的获取方法；钇微合金化对B10合金组织与结构的影响，包括铸态与退火态；钇微合金化对B10合金耐蚀性能的影响；钇微合金化的B10合金腐蚀产物膜的形貌、成分及耐蚀机理；基于图像分析技术对B10铜镍合金耐蚀性进行预测；基于优化卷积神经网络对B10铜镍合金耐蚀性能进行预测。

本书可供从事金属材料行业、海洋工程材料行业以及相关的材料类的工程技术人员和经营管理人员阅读，也可供材料类、计算机类等相关专业的高等工科院校师生参考。

图书在版编目(CIP)数据

铜镍合金组织性能及耐蚀性预测/汪志刚等编著.—北京：冶金工业出版社，2022.10

ISBN 978-7-5024-9241-0

Ⅰ.①铜… Ⅱ.①汪… Ⅲ.①铜镍合金—组织性能（材料）—研究②铜镍合金—耐蚀性—预测—研究 Ⅳ.①TG146.1

中国版本图书馆CIP数据核字(2022)第158295号

铜镍合金组织性能及耐蚀性预测

出版发行 冶金工业出版社　**电　话** (010)64027926
地　址 北京市东城区嵩祝院北巷39号　**邮　编** 100009
网　址 www.mip1953.com　**电子信箱** service@mip1953.com

责任编辑 杨盈园　美术编辑 燕展疆　版式设计 郑小利
责任校对 王永欣　责任印制 李玉山 窦 唯
三河市双峰印刷装订有限公司印刷
2022年10月第1版，2022年10月第1次印刷
710mm×1000mm 1/16；10.5印张；205千字；160页
定价68.00元

投稿电话 (010)64027932　投稿信箱 tougao@cnmip.com.cn
营销中心电话 (010)64044283
冶金工业出版社天猫旗舰店 yjgycbs.tmall.com
(本书如有印装质量问题，本社营销中心负责退换)

前　　言

海洋工程用材料一直以来都被纳入新材料的体系范畴，尤其是海洋工程用金属材料，其发展速度在国家海洋工程发展战略背景下大幅提高，然而部分高端大尺寸材料性能仍落后于西方工业发达国家。开发新型长寿命海洋工程用金属材料是国家发展所需，是海洋工程战略所需。

B10合金（俗称“白铜”）是目前成本较低、应用最为广泛的铜镍合金，其组元Ni含量为10%，除此之外，常添加Fe、Mn、Zn、Al等构成多元复杂白铜合金。由于铜镍合金有良好的耐冲刷腐蚀性能、抗生物污染性能、优良的加工性能以及焊接性能而广泛应用于海水管路系统，如热交换管、冷凝管。本书从我国稀土资源的高值利用、稀土产业链的延伸角度全面介绍了稀土微合金化B10铜合金，一方面拓宽重稀土在金属结构材料中的应用，另一方面为开发高性能长寿命铜合金提供研究数据参考，这对于开发新型海洋工程用铜合金具有较高的社会价值。全书涉及到铜合金的晶界工程、合金腐蚀膜层精细化表征以及电化学行为，同时借助信息化手段建立图形识别和神经网络与腐蚀性能的关系，对于材料与计算机学科交叉领域的学者具有较高的学术参考价值。

全书分为8章。第1章和第2章概述性介绍了B10铜镍合金的发展与应用，重点介绍了稀土Y在B10合金中的作用。第3章和第4章深入阐述了 Y 对 B10 合金铸态和退火态组织结构的影响规律，尤其是阐明了 Y 对 B10 中的夹杂物、晶粒尺寸、晶界特征的影响。第 5 章和第 6 章介绍了 Y 对 B10 合金耐腐蚀性能的影响规律和机理，重点介绍了 Y 对膜层的电化学特性及基体与膜层的互扩散行为的影响机理。第 7 章和第 8 章借助于信息化技术，分别从图像处理和神经网络两个方面对 B10 合金耐腐蚀性能进行预测和验证。

全书系统地探讨了稀土 Y 对 B10 合金耐腐蚀性能的影响规律和机理，构建了 B10 合金耐蚀性能的预测模型，经过验证试验表明，模型能较好地用于当前 B10 合金在模拟海水环境中的腐蚀行为，为进一步优化合金成分、快速检测和表征合金耐腐蚀性能提供了参数依据和理论参考。

本书由汪志刚（第 1 章到第 4 章）、张迎晖（第 5 章）、汪航（第 6 章）、董跃华（第 7 章和第 8 章）编写。全书由汪志刚统稿，汪航和董跃华审稿。

本书在编写过程中参考了大量文献，谨此对相关文献作者表示衷心感谢。

由于编者水平有限，书中的疏漏和缺点，敬希读者批评指正。

作 者

2022 年 3 月

目　　录

1 铜镍合金概述

1.1 引　　言

随着我国经济由高速发展转向高质量发展，资源紧缺是主要的制约因素之一，实现绿色可持续发展是发展观的一场深刻革命，因此开发绿色海洋能源，发展海洋经济是时代的迫切要求。但由于海洋环境极其复杂，海洋工程材料的服役条件对其各项性能提出了更高的要求。因此，研发高性能海洋工程材料是行业发展的新要求和新挑战。铜镍合金在海洋环境中表现出优良的耐腐蚀性能，在舰船、海水淡化、海上油气平台、滨海电站等关键设备设施中应用甚广。铜镍合金因其成本和性能的双方面优势，广泛应用于海水管路领域，如海水淡化管路、船舶冷凝管路等。铜镍合金管作为海水淡化装置中的冷凝管，主要起热交换作用，其耐腐蚀性能及防泄漏能力直接关系到装置的运行寿命。美国铜发展协会的统计数据表明，使用铜镍合金的关键部位，在服役过程中表现出较好的耐蚀性能及优良的防海洋微生物附着及生长能力，但该合金也偶然会有严重的腐蚀泄漏事故发生。

针对铜镍合金铜管的腐蚀泄漏问题，国内外学者们一方面通过改善工艺来提高合金的耐蚀性能，如茹祥坤等人研究表明，经适当的形变热处理后，高的特殊晶界比例对应好的耐蚀性能。另一方面，通过改变合金成分，如适当提高 Ni 元素的含量、改变 Fe、Mn 比、添加稀土元素等方法，以期提高合金的耐腐蚀性能。张强等人研究表明，提高白铜合金中的 Ni 含量，能有效改善耐海水腐蚀性能，同时添加微量的稀土 Y 能有效降低铜镍合金的冲刷腐蚀速率，且在一定的冲刷腐蚀周期内未发现有腐蚀膜剥落的现象。Dong 等人研究表明，适量的稀土可以将铜镍合金中的粗大树枝晶转变成细等轴晶，稀土的最佳添加量为 0.05%（质量分数），添加稀土后，能降低模拟海水中合金的失重率。Lin 等人发现，当铜镍合金中稀土含量为 0.04%时，腐蚀产物中包含一层致密的稀土相，能有效阻碍基体被腐蚀，故而合金表现出良好的耐蚀性能。相关研究表明，适量的稀土能改善组织偏析、优化合金耐蚀性能，并从腐蚀产物的性质方面阐明了混合稀土在铜镍合金中的耐蚀机理。

综上所述，关于稀土元素对铜镍合金组织与耐蚀性能的影响，诸多研究者已经开展了相关研究工作，但关于稀土对铜镍合金晶界特征分布的影响研究较少，稀土在铜镍合金中的耐蚀机理尚未解释清楚。因此本书将论述在典型铜镍合金中添加微量稀土元素 Y，并结合适当的形变热处理工艺，来研究钇微合金化对合金组织结构及耐腐蚀性能的影响，以期从稀土优化合金组织结构和改善腐蚀产物膜性质两个方面达到提升铜镍合金耐腐蚀性能的作用。在此基础上，采用晶界形貌图像信息化表征与神经网络的方法建立铜镍合金基体组织特征与耐腐蚀性能之间的联系，初步构建不同工艺下的耐腐蚀性能预测模型，并与实际腐蚀结果相对比，验证预测模型的准确率，为更好地预报铜镍合金的耐腐蚀性能提供理论基础。

1.2 铜镍合金

铜镍合金也称白铜合金，是以铜为基体，以镍、铁、锰为主要合金元素的单相合金。白铜合金，由于其优良的耐海水冲刷腐蚀性能，早在 20 世纪 40 年代，国外就开始在舰船上大范围地推广和使用铜镍合金作为管路材料。我国从 20 世纪 60 年代起着手舰船管道的选材设计，早期使用的是 TUP 紫铜管。随着铜镍合金的引入和自主生产，我国于 20 世纪 90 年代中期开始大规模应用铜镍合金管，有效地提高了舰船管道的防腐能力和使用寿命。国内铜镍合金常见牌号为 B10、B30，后来在 B10 和 B30 的基础上添加适量 Fe、Mn 等合金元素形成铁白铜、锰白铜等系列牌号。

铜镍二元合金的相图如图 1-1 所示，铜、镍均为面心立方晶体结构。铜的晶格常数为 0.36nm，密度为 8.92g/cm^3，电负性为 1.90，原子半径为 0.255nm。镍的晶格常数为 0.352nm，密度为 8.902g/cm^3，电负性为 1.92，原子半径为

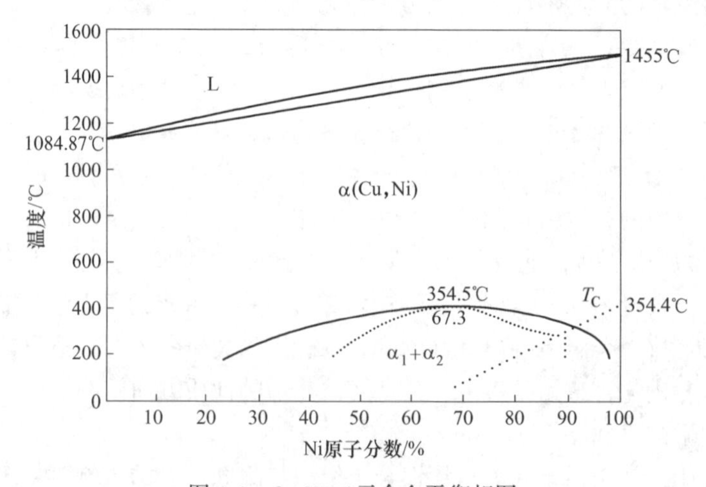

图 1-1 Cu-Ni 二元合金平衡相图

0.249nm。两元素的电负性和原子半径都相近，使其形成无限固溶体，为单一 α 相。铜镍合金在温度低于 354.5℃下，会出现一个较大范围的调幅分解区，分解为富铜的 α_1 相和富镍的 α_2 相。由于铜、镍的各相基本属性相近，且在任何成分下都能无限互溶，使得铜镍合金在热变形过程中不会发生相转变，从而降低了成型及焊接过程对铜镍合金耐蚀性能及机械性能的影响。图 1-2 为钇的原子分数不大于 16.7%的 Cu-Ni-Y 三元合金室温平衡相图，由图可知 Y 在 γ 相固溶体中的最大溶解度约为 2%，因此 Y 的添加量小于 2%时，不会改变铜镍合金为单相合金的本质，经后续各工艺也不会发生相变。

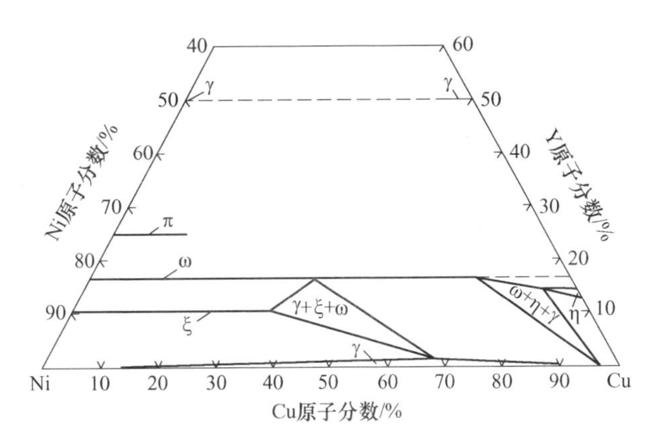

图 1-2 钇的原子分数不大于 16.7%的 Cu-Ni-Y 三元合金相图

1.2.1 合金元素在铜镍合金中的作用

1.2.1.1 镍元素的作用

关于 Ni 含量对 Cu-Ni 合金耐蚀性能的影响已有诸多报道，研究较为系统成熟。如图 1-3 所示，Cu-Ni 合金在 3.5%（质量分数）的 NaCl 溶液中，随着 Ni 含量增加，腐蚀电流密度减小；但 Ni 含量过高时，腐蚀性能反而不稳定。Ni 含量为 65%与 Ni 含量为 30%时相比，腐蚀电流密度相差不大，但 B30 合金的腐蚀电位更正；Ni 含量为 10%时，合金的腐蚀性能最稳定。综合考虑成本与性能，Ni 含量为 10%的 B10 铜镍合金是海洋工程中耐腐蚀冷凝管的首选材料。

关于铜镍合金中镍含量影响耐蚀性能的观点，典型的有，North 和 Pryor 认为 Cu_2O 是铜合金表面起主要保护作用的产物，但是从微观结构上看，其缺陷密度高，而 Ni 元素会扩散进入 Cu_2O 晶格降低缺陷密度。Yang 等人研究表明，NAB 合金在 3.5% NaCl 溶液中浸泡 7 天后，合金的容抗弧半径随 Ni 含量的增加而逐渐增大，即耐蚀性能与 Ni 含量呈正相关，如图 1-4 所示，Ni 含量为 10%时，耐蚀性能最好。

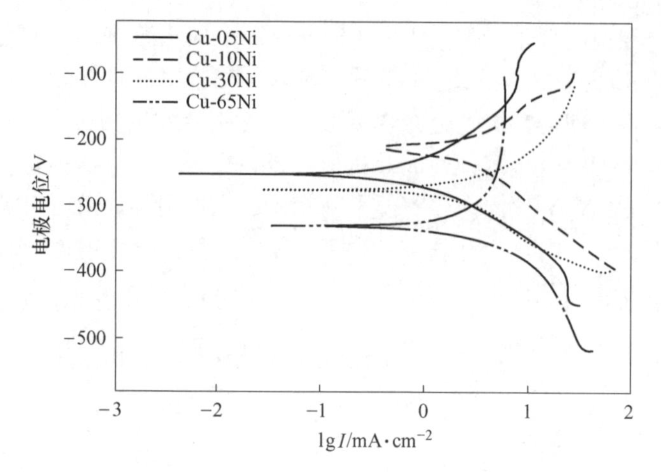

图 1-3　铜镍合金在 3.5% NaCl 溶液中的极化曲线

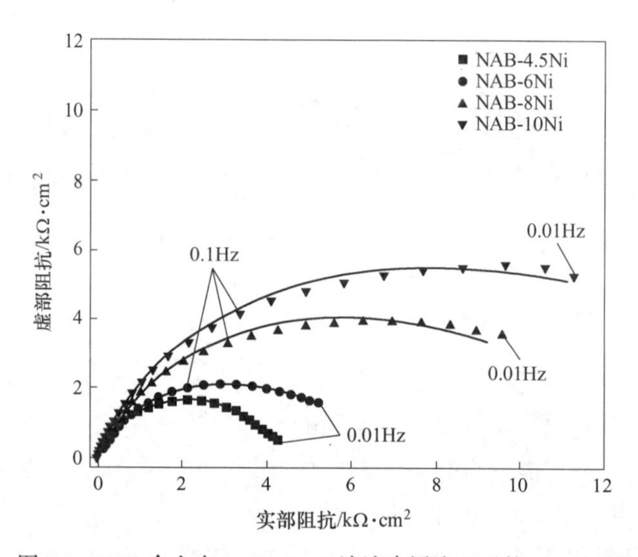

图 1-4　NAB 合金在 3.5% NaCl 溶液中浸泡 7 天的 Nyquist 图

1.2.1.2　铁元素的作用

添加少量 Fe 元素对 Cu-Ni 合金的耐蚀性能有重要影响。在 Cu-Ni 合金成分设计时，一定含量的 Fe 元素有利于其在海洋环境中服役时表现出更优异的抗海水冲刷腐蚀性能。但铁在白铜中的固溶度对固溶温度很敏感，当固溶温度降低至300℃时，固溶度仅为0.1%。张杰研究了 Cu-Ni 合金中，Fe 元素的固溶度在不同温度梯度下存在差异的内在机理。结果表明，高温阶段，热无序性相较于短程有序性占主导，从而使 Fe 的固溶度迅速升高；在低温阶段，由铜镍无限固溶状态转变为两相分离态，团簇聚集现象是导致 Fe 的固溶度急剧降低的主要原因。

1.2.1.3 锰元素的作用

Cu-Ni 合金中，锰元素的添加对合金力学性能的影响显著，另外，与铁元素相同，锰也有提高合金抗冲刷腐蚀能力的作用，但同等条件下，锰的作用不如铁显著。从腐蚀产物层的角度分析 Mn 元素在合金耐腐蚀方面所起的作用发现，若未腐蚀的样品表层 Mn 含量较高，则腐蚀产物的内层 Ni 含量较高。这是由于与 Ni 元素相比，Mn 元素的氧化反应优先发生，由 Mn 单质转变为 Mn 的氧化物。另外，Mn^{2+}的离子半径小于 Ni^{2+}的离子半径，即 Mn^{2+}扩散至腐蚀介质中时形成的空位会被 Ni^{2+}占据。此外，Mn 与 Fe 的共同作用一方面有利于优化耐腐蚀性能，另一方面还能消除碳产生的不良影响，改善合金综合性能。

1.2.2 晶界工程在铜镍合金中的应用

众所周知，铜镍合金的基体组织主要为 α-Cu 晶粒，因此，晶界特征的控制和优化是提升其综合性能的关键因素之一。在多晶体中，由于晶粒的取向不同，晶粒间存在分界面，该分界面称为晶界。由于晶界连接着不同排列方向的晶粒，从一种排列方向过渡到另一种排列方向，因此晶界处的原子排列是不规则的，所以晶界上的原子往往比晶粒内的原子具有更高的能量，当晶粒间位向差别越大，在晶界处的原子排列就越不规则。此外，金属中的杂质往往易于富集在晶界上。晶界的结构、成分和多少，对金属的各种性能和金属内的各种过程（如结晶、扩散、变形等）有重大影响，金属中晶界愈多，即意味着晶粒愈细。

一般说来，细晶粒金属的力学性能（强度、塑性和韧性）总是优于粗晶粒的金属。根据相邻晶粒间位向差的大小，晶界可以分为小角度晶界及大角度晶界两种，当位向差小于 10°时称为小角度晶界，它是由一系列相隔一定距离的刃型位错所组成，晶界层比较薄。当位向差的角度大于 10°时，金属晶体中多数晶粒间的位向差在 30°～40°，因而其晶界多属大角度晶界。根据 Watanabe 的观点，基于重位点阵晶界模型，大角度晶界又可分为两种类型：一般大角度晶界和低能重位点阵晶界（low-ΣCSL）（特殊晶界）。低能重位点阵晶界的特殊之处为：有序度高，界面能量低，抗晶间失效能力强。因此，通过改善工艺和优化成分来提高合金中这类特殊晶界的比例，是改善组织、优化性能的重要技术手段之一。后来，经学者们的研究与发展，这一概念被定义为晶界工程。

晶界工程（GBE，Grain Boundary Engineering）的主旨是：在 CSL 晶界模型范畴内，总是存在一些性能或性质异于一般大角度晶界的“特殊晶界”（Random Boundary，即随机晶界），这类晶界结构有序度更高，自由体积更小，界面能也更低，表现出较强的抗晶间破坏能力。晶界特征分布是除晶粒尺寸，取向，形状等因素外调控合金的整体性能，尤其是抗晶界失效性能（包括抗晶间腐蚀性能）的有效途径。

基于特殊晶界的优异表现，通过合金化或优化加工工艺的方法来调控材料中特殊晶界的比例和分布，以实现改善材料的某些与晶界相关的宏观使用性能的目标。按照晶界特征分布优化原理的不同，晶界工程可分为基于退火孪晶、基于织构、基于原位自协调和基于合金化改善晶界特征四种类型。

其中，基于退火孪晶的 GBE 是指在中低层错能的 FCC 晶体中通过采用合金化或合适的形变热处理工艺在合金中引入大量退火孪晶，并通过晶界的迁移反应衍生出其他类型特殊晶界，来增加材料中特殊晶界的比例，使特殊晶界能够有效地打断随机晶界网络的连通性，达到优化合金晶界结构的效果。合金化的目的也是为了降低合金的层错能，使得后续形变热处理过程中退火孪晶更容易形成。在此介绍了添加不同稀土 Y 含量后的 Cu-Ni 合金在一定的形变热处理后获得孪晶比例的差异，并通过稀土微合金化优化合金晶界特征，以此来改善合金的耐腐蚀性能。

关于中低层错能合金中，提高退火孪晶比例，改善合金性能的研究报道诸多。如图 1-5 所示，Wang 等人研究表明，小变形量+高温短时退火工艺能使 90Cu-10Ni 合金的特殊晶界比例提高，耐腐蚀性能显著改善。Zhang 等人对 BFe10-1-1 合金的晶界结构进行分形分析，用计算机编程方法获取分形维数，并预测合金的抗晶间腐蚀能力，结果表明，分形法提取的随机晶界比例越小，合金的抗晶间腐蚀能力越好。因此，本书首先通过形变热处理获得孪晶比例高的组织，再进一步通过稀土微合金化达到优化晶界特征的目的。

关于添加稀土 Y 改善合金晶界特性的文献报道较多，主要包括 Y 在不锈钢、镁合金及铝合金中对晶界特性及再结晶行为的作用，而关于稀土微合金化的晶界工程在铜合金中的应用鲜有报道。

在奥氏体不锈钢中加入稀土 Y 可以与碳相互作用，影响碳化物在晶内和晶界的形态，从而改变晶界迁移和晶粒长大。研究发现，在奥氏体不锈钢中加入 0.05% Y（质量分数），可以在晶内和晶界处形成高密度的细碳化物，其晶粒长大活化能最高，能延缓再结晶的发生。Chen 等人研究了高密度孪晶对奥氏体不锈钢晶间腐蚀的影响，孪晶密度大于 86%的样品，表现出显著的抗晶间腐蚀性能，具有较高的腐蚀电位、较宽的钝化区和较低的腐蚀速率。Qu 等人研究发现，在高强度低合金钢中，可通过 La 的微合金化提高低 ΣCSL 晶界的比例。在 AZ91 镁合金中，用以重位点阵晶界（CSL）为基础的原子结构模型研究计算表明，稀土能与合金元素形成较为稳定的团簇分布在晶界处，有效抑制了镁铝不连续沉淀相的形成，使合金的高温性能得到明显改善。在对 Y 微合金化铝合金的研究中发现，Y 的添加对晶粒尺寸和晶粒取向分布有显著影响，并能大幅提高低 ΣCSL 晶界的比例，从而明显提高铝合金的抗蠕变性能。同时观察到 Y 沿晶界出现集中偏聚，这一现象的产生会对界面结构和化学性质产生影响，改变周围晶界环境，进而影响界面性质。

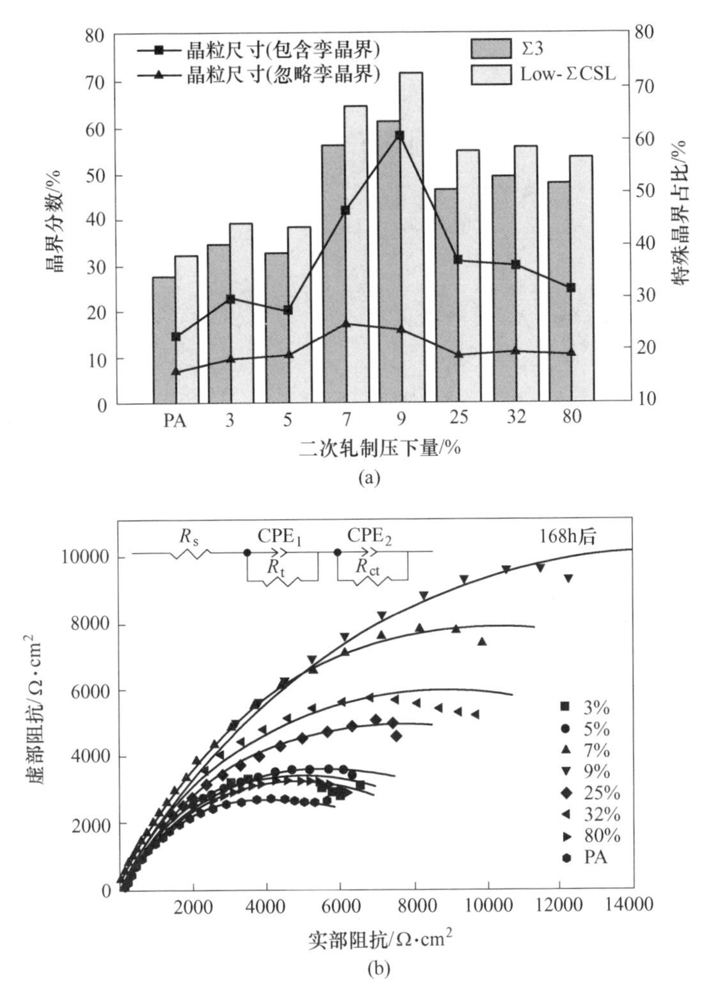

图 1-5　B10 合金特殊晶界比例及电化学阻抗谱

（a）特殊晶界比例；（b）电化学阻抗谱

由晶界工程的原理可知，只有在低层错能合金中，才能通过形变热处理工艺激发非共格 Σ3 晶界的形成及迁移，故而本书中提出在 B10 铜镍合金中添加稀土 Y，以期降低合金层错能，提高特殊晶界比例，进而改善合金的耐蚀性能。

1.2.3　铜镍合金的层错几率

位错滑移会引起晶体的剪切变形，它是金属塑性变形的主要机制。位错造成晶体内原子的错排，进而引起它附近晶体点阵结构的弹性畸变，因此位错也是内应力源。只有当金属的层错能很低时，完整位错的分解才会明显出现。当满足一定条件时，完整位错可以分解成若干部分位错，但是必须满足分解之前的能量大于分解后各部分的能量总和，只有这样的分解从能量角度分析是有利的，因此这个过程才能在热力学上进行下去。因此可以认为，各部分位错之间是存在某种排斥作用。当完整位错在某一晶面上分解后，该晶面上各部分位错之间的正常点阵结构受到进一步的破坏，促使体系能量升高。这种能量称为层错能。合金的层错能越低，层错几率越大，越易产生孪晶，也即越易形成低能点阵重位晶界。

Warren、王煜明等人早在20世纪50年代，就几种典型晶体结构（面心、体心、密排六方）中层错引起的XRD衍射效应进行了详细论述，这一论述中指出，层错结构的存在会使XRD衍射峰发生位移、宽化及峰形不对称现象。本书采用XRD峰宽化法测得合金复合层错几率 $P_{sf}=(1.5\alpha+\beta)$。XRD峰形的宽化从宏观上主要分两部分：物理宽化和仪器宽化，其中，引起物理宽化的微观结构又分为点阵畸变、亚晶及层错。仪器宽化主要由实验过程中不可避免的因素造成。由上述造成宽化的因素可知，要求得层错引起的宽化，需经过两次解卷积过程：第一步解出物理宽化，第二步从物理宽化中解出层错宽化，XRD线形宽化因素过程如图1-6所示。

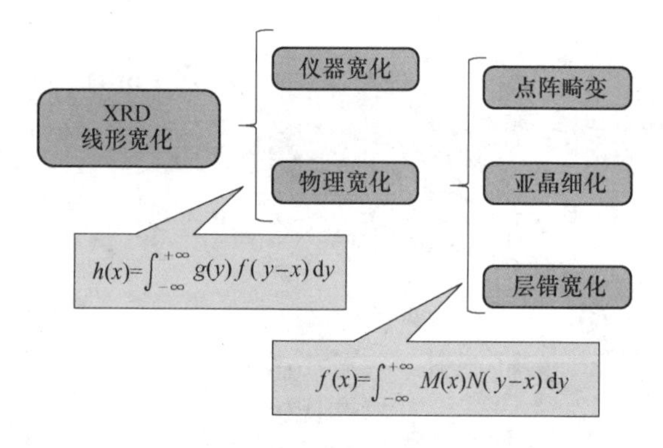

图1-6　XRD线形宽化因素

在图1-6所示的解卷积过程中，最常用的近似函数有三种：$e^{-a^2x^2}$、$\dfrac{1}{1+\beta^2x^2}$ 及 $\dfrac{1}{(1+\gamma^2x^2)^2}$，这三种函数两两组合的方式有5种，解得相应的峰宽关系式见表1-1。

表1-1　用5种函数组合解得的峰宽关系式

序号	$f(x)$	$g(x)$	积分宽度关系式
1	$\dfrac{1}{1+a_1x^2}$	$\dfrac{1}{1+a_1x^2}$	$B_0=\beta+b_0$

续表 1-1

序号	$f(x)$	$g(x)$	积分宽度关系式
2	$e^{-a^2x^2}$	$e^{-a^2x^2}$	$B_0^2 = \beta^2 + b_0^2$
3	$\frac{1}{(1+a_1x^2)^2}$	$\frac{1}{1+a_1x^2}$	$B_0 = \frac{(2\beta + b_0)^2}{4\beta + b_0}$
4	$\frac{1}{1+a_1x^2}$	$\frac{1}{(1+a_1x^2)^2}$	$B_0 = \frac{(\beta + 2b_0)^2}{\beta + 4b_0}$
5	$\frac{1}{(1+a_1x^2)^2}$	$\frac{1}{(1+a_1x^2)^2}$	$B_0 = \frac{(\beta + b_0)^3}{(\beta + b_0)^2 + \beta b_0}$

注：B_0 为峰形积分宽度；b_0 为仪器宽化量；β 为物理宽度。

利用表 1-1 中的峰宽关系式求得物理宽度 β。另外，漆璿等人推导出了物理宽度 β 与相应晶面（111、200 晶面）法向有效亚晶尺寸 D_{eff}之间的关系，如式（1-1）所示，其中 θ 为相应衍射峰的衍射角，λ 为 X 射线波长。再根据式（1-2）求得 P_{sf}值。

$$\beta_0 = \frac{\lambda}{D_{eff}\cos\theta} \tag{1-1}$$

$$P_{sf} = \frac{a}{1 - \frac{\sqrt{3}}{4}}\left[\left(\frac{1}{D_{eff}}\right)_{200} - \left(\frac{1}{D_{eff}}\right)_{111}\right] \tag{1-2}$$

1.3 稀土在铜合金中的应用

1.3.1 稀土对铜合金组织的影响

在铜合金中添加稀土是近年来的研究热点，以达到改善组织，优化性能的目的。Mao 等人研究了富铈混合稀土对 Cu-30Ni 合金组织的影响，如图 1-7 所示，添加稀土后，合金的树枝晶间距变小，稀土添加量为 0.213%（质量分数）时，枝晶有择优生长现象。这可归因于稀土对过冷度的影响，过冷度大，枝晶间距随之减小，但稀土添加过多时，更多的稀土以夹杂物的形式存在，弱化过冷作用，枝晶间距又有所增大。Chen 等人研究表明稀土 La 的添加量会对纯铜的铸态组织产生显著影响，如图 1-8 所示，La 含量较低的为柱状晶组织，La 含量较高的为等轴晶组织，La 含量为 0.089%~0.18%之间，发生柱状晶向等轴晶组织的转变。

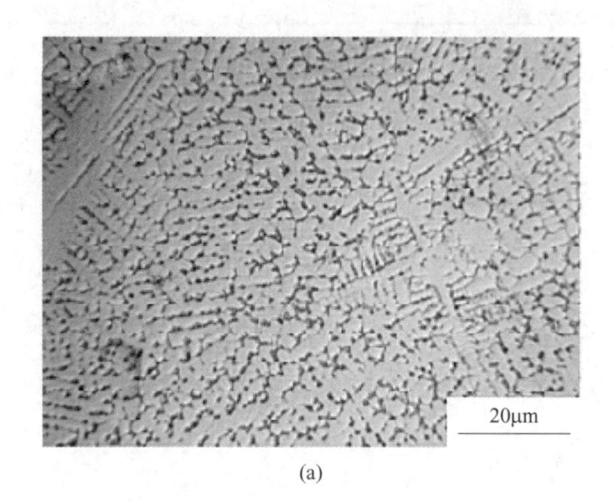

(a)

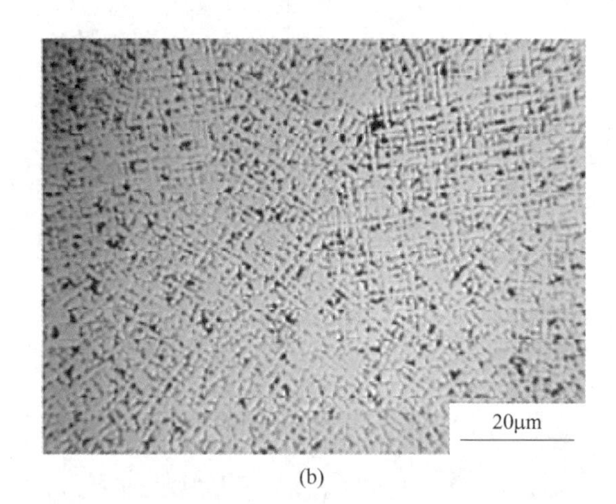

(b)

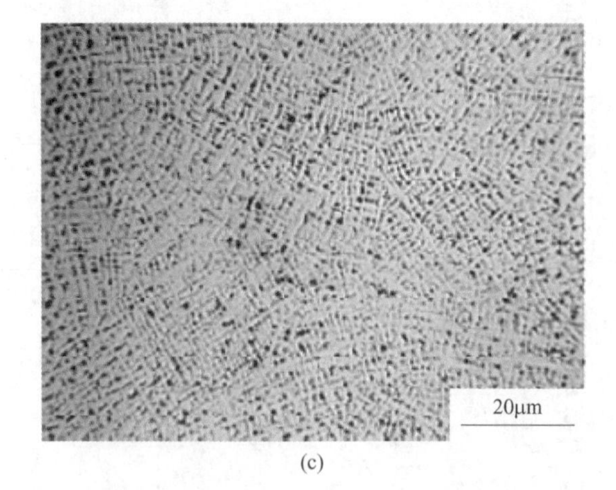

(c)

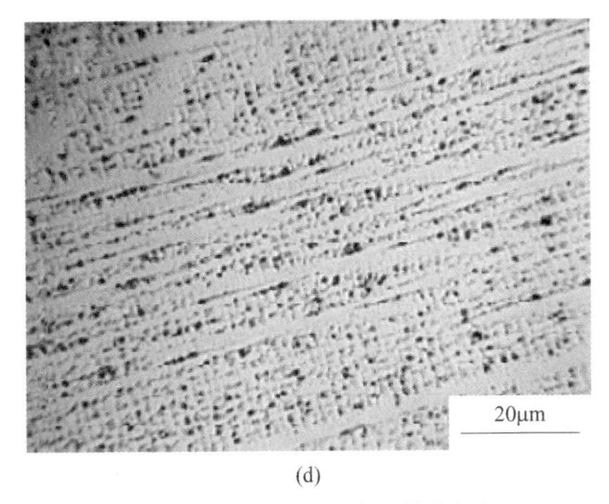

图 1-7 Cu-30Ni-xRE 合金铸态组织

(a) $x=0$; (b) $x=0.034$; (c) $x=0.095$; (d) $x=0.213$

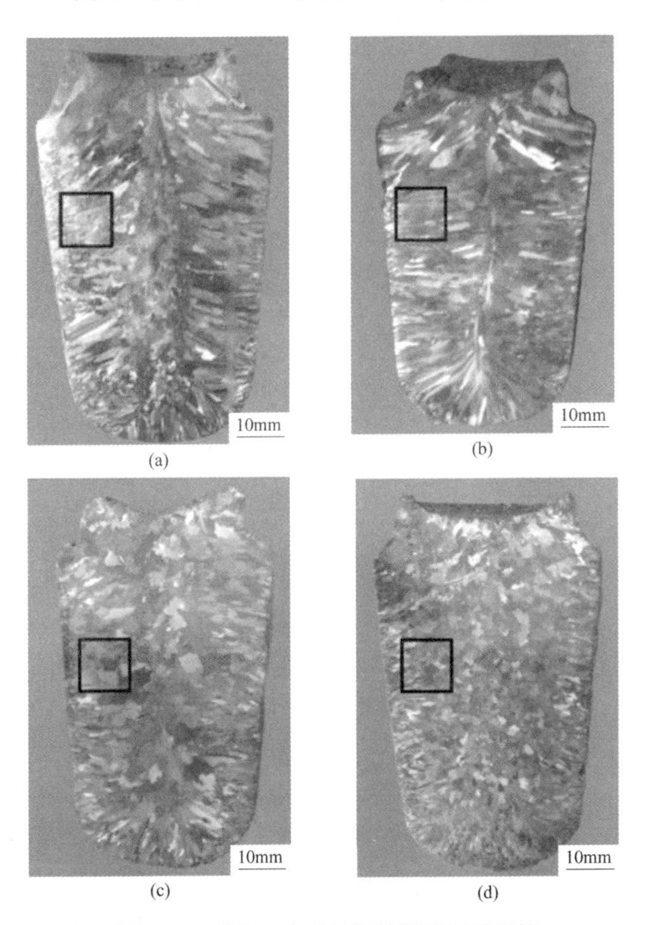

图 1-8 不同 La 含量纯铜铸锭的宏观组织

(a) 0.04%; (b) 0.089%; (c) 0.18%; (d) 0.32%

此外，稀土对铜合金中夹杂物的影响也有诸多报道。Chen 等人研究了 Cu-0.18La 合金中的稀土第二相，如图 1-9 所示，稀土 La 与 Cu 反应生成的富 La 相

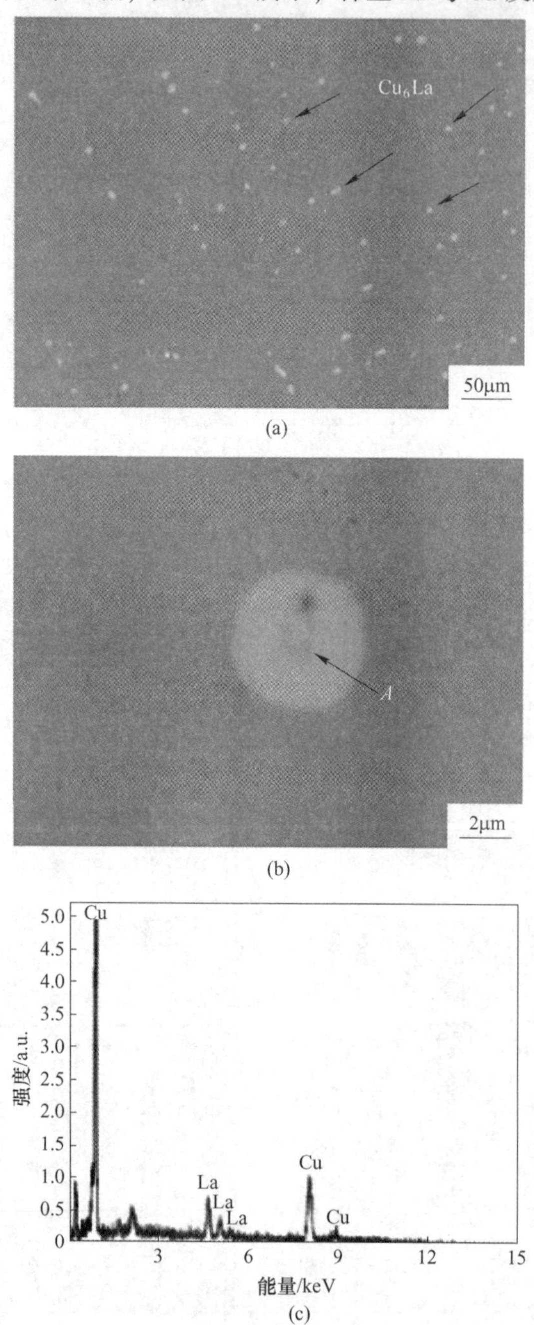

图 1-9　Cu-0.18La 合金的背散射电子像和 EDS 结果

(a)(b) 背散射电子像；(c) *A* 点的 EDS

中 Cu 与 La 的原子比接近 6∶1，说明第二相粒子是 Cu_6La 化合物。郝齐齐利用 TEM 研究了添加 Ce 的 BFe10-1.5-1 合金中的稀土第二相，结果如图 1-10 所示，稀土 Ce 与 Cu 形成的稀土相为 Cu_6Ce。此外，稀土元素除了与铜基体反应形成第二相外，还会与铜合金中的氧、硫等杂质元素形成稀土夹杂物，如图 1-11 所示，稀土易与 O、S 元素反应形成 RE-O-S 复合夹杂物。

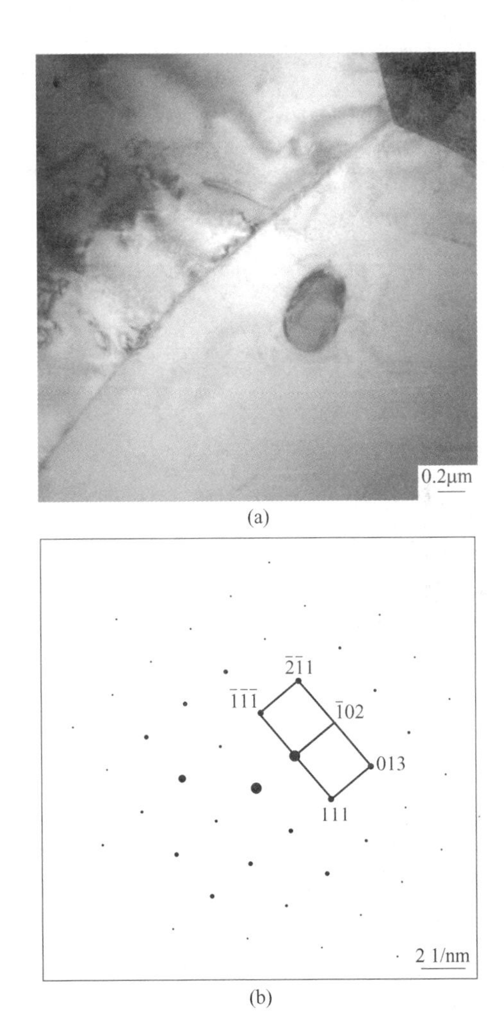

图 1-10 热变形态 BFe10-1.5-1 合金中 Cu_6Ce 相的 TEM 形貌及衍射花样
（a）Cu_6Ce 相的形貌；（b）衍射花样

1.3.2 稀土对铜合金耐蚀性能的影响

稀土在铜合金中除了净化、微合金化、改变夹杂的作用外，还有优化铜合金

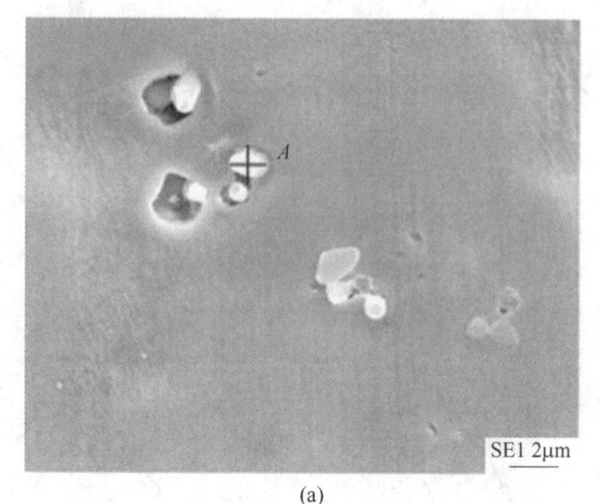

(a)

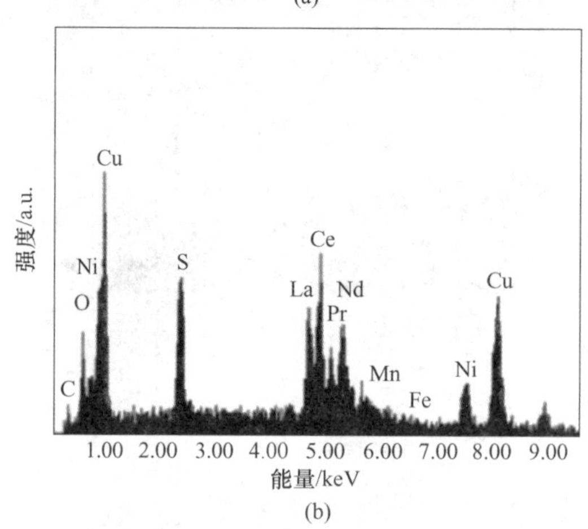

(b)

图 1-11 Cu-30Ni-0.095RE 合金中稀土夹杂物的 SEM 形貌与 EDS 能谱

(a) SEM 形貌；(b) EDS 能谱

性能的作用。关于稀土影响铜合金耐蚀性能的文献报道诸多，主要的论点之一是稀土在腐蚀产物膜结构中的作用。Rosalbino 等人研究发现，在纯 Cu 中分别添加稀土元素 Nd 和 Er 后，合金在碱性溶液中的钝化性能显著提升，说明稀土元素有利于提高合金表面的钝化能力。张旭的研究结果表明，稀土 Y 对 Cu 基非晶合金的耐蚀性能也有显著影响，Y 含量为 3%（原子分数）时，自腐蚀电位最正，耐蚀性能最佳。早在 20 世纪 20 年代，Bengough 等人研究了 Cu-Ni 合金在含氯离子的溶液中发生腐蚀形成的腐蚀产物膜从基体到膜层表面，它们主要由氯化亚铜、氧化亚铜、氢氧化铜或氧化铜、羟基氯化物组成。Zhang 等人研究表明合金元素会影响铜及铜合金在氯化物环境中形成的腐蚀产物的剥落趋势。North 和 Pryor 从铜合金腐蚀产物膜中 Cu_2O 层的半导体性质的角度解释了铜镍合金比纯铜的耐腐蚀优势，他们的研究认为 Ni、Fe 元素会扩散到 Cu_2O 膜中，占据阳离子空位，降低电子空穴浓度，从而提高铜镍合金的耐蚀性。Milosevic 通过电化学测试，研究了 Cu-Ni 合金的腐蚀行为，发现存在一个临界氯离子浓度，低于该浓度时，合金抵抗局部腐蚀的能力会随着镍含量的降低而增加，高于此值则随着镍含量的增加而增加。经诸多学者研究，铜镍合金在海水或氯化物溶液中的腐蚀机理和腐蚀产物双层膜理论逐步建立并发展完善，普遍认为，铜镍合金最表层疏松多孔的产物（氧化铜/氯化铜/羟基氯化物）不具保护性，其耐蚀性能主要取决于内层的致密氧化亚铜膜，该膜层中的 Ni^{2+}、Ni^{3+} 和 Fe^{2+} 的含量对提高铜镍合金的耐蚀性能有重要作用。

稀土元素（La、Ce、Y）作为铜及铜合金中的微合金化元素已有相关报道，而关于重稀土 Y 对铜镍合金中耐蚀性能的影响规律和机理目前尚未有定论。有些学者研究了稀土对铜镍合金腐蚀产物膜形貌和成分的影响。例如，Dong 等人研究了不同稀土含量的 Cu-15Ni 合金在含 Cl^- 和 S^{2-} 的溶液中浸泡 72h 的腐蚀行为，如图 1-12 所示，稀土含量为 0.05%的 Cu-15Ni 合金的腐蚀产物膜较致密且未发生明显剥落，而无稀土和稀土添加过量的 Cu-15Ni 合金腐蚀产物膜均出现明显剥落现象。Lin 等人研究了不同稀土含量 BFe10-1-1 合金在模拟海水中的腐蚀行为，图 1-13 和图 1-14 所示为 BFe10-1-1 合金的 SEM 腐蚀形貌，无稀土的以剥落机制为主，且剥落区域周围有大量裂纹，这说明腐蚀产物与基体结合不稳定；而稀土含量（质量分数）为 0.04%时，以点蚀机制为主，腐蚀坑深度最小，剥落区周围无明显裂纹；当稀土含量进一步增加，剥落区面积和腐蚀坑的尺寸增大且裂纹再次出现。这一研究结果表明稀土能增强基体与膜层的结合力，并改变膜层的脱落机制，从而提高 BFe10-1-1 合金的耐腐蚀性能。

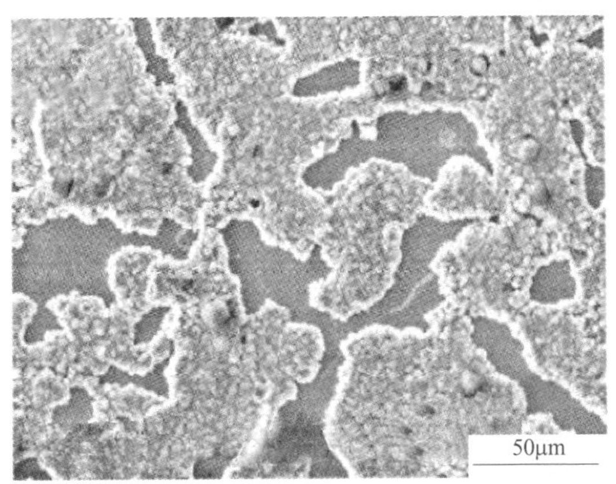

(a)

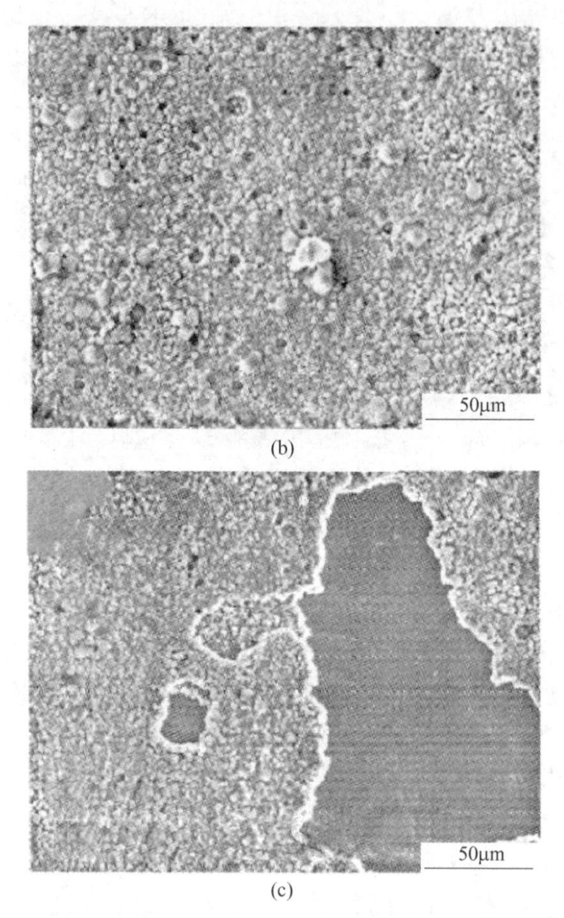

(b)

(c)

图 1-12　Cu-15Ni 合金在含 Cl^- 和 S^{2-} 溶液中的腐蚀形貌

（a）0.00% RE；（b）0.05% RE；（c）0.10% RE

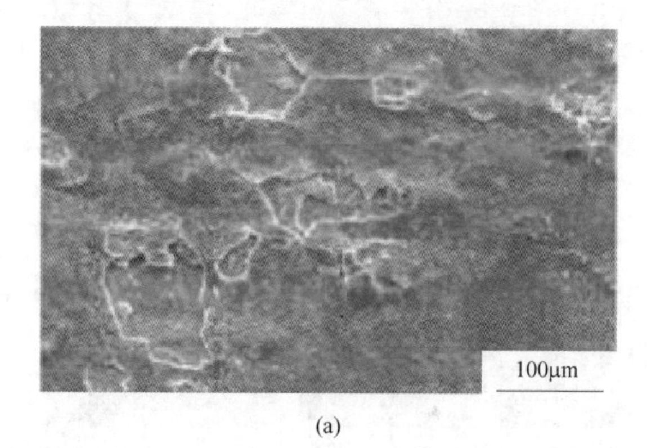

(a)

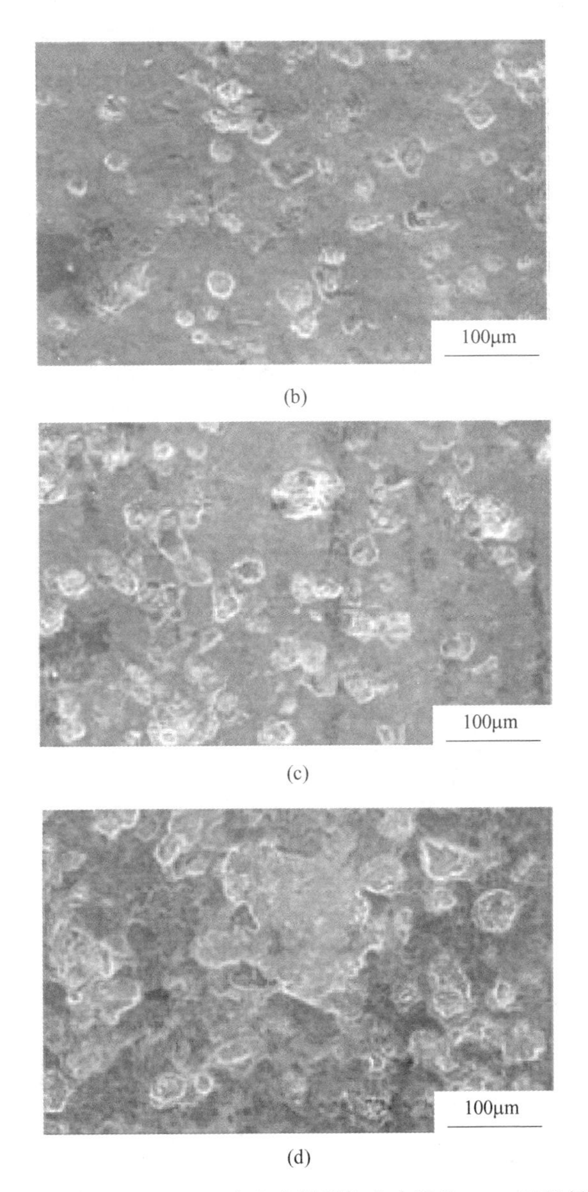

图 1-13 不同稀土含量 BFe10-1-1 合金在模拟海水中浸泡 432h 后的低倍 SEM 形貌
(a) 无 RE；(b) 0.04% RE；(c) 0.09% RE；(d) 0.19% RE

虽然稀土对铜合金耐腐蚀性能的改善作用效果显著，但稀土的添加量至关重要，过量的稀土，不仅会增加生产成本，还会导致合金组织性能恶化，达不到预期的目的和效果。因此，探讨稀土在铜合金中的作用机理，对确定合适的稀土添加量有重要作用。

(a)

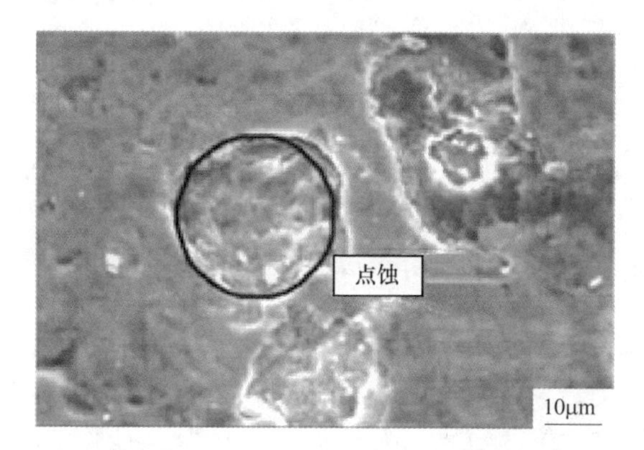

(b)

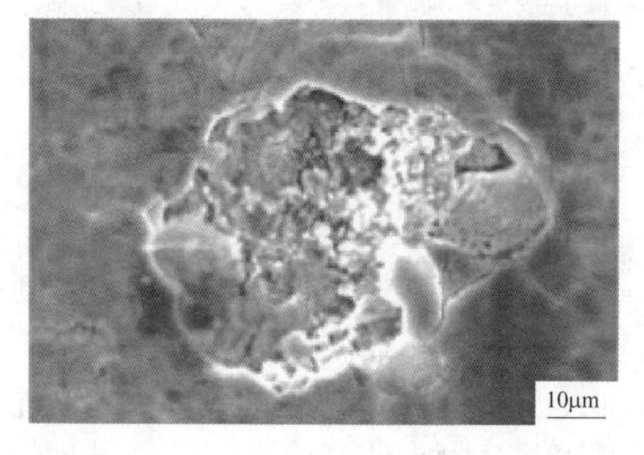

(c)

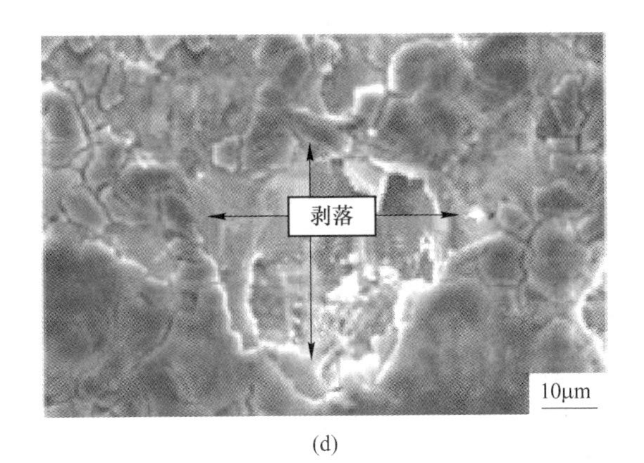

(d)

图 1-14 不同稀土含量 BFe10-1-1 合金在模拟海水中浸泡 432h 后的高倍 SEM 形貌

(a) 无 RE；(b) 0.04% RE；(c) 0.09% RE；(d) 0.19% RE

综上所述，国内外学者就稀土元素在铜镍合金中的作用做了大量研究，其中，关于稀土影响铜镍合金组织的文献报道中，稀土对合金铸态组织的影响研究较成熟，且所得结论一致，即稀土能有效细化铜镍合金铸态组织的枝晶间距，但关于稀土对铜镍合金晶界结构的影响鲜有报道。另外，稀土在铜镍合金中除了形成稀土氧硫夹杂物外，还会与合金元素形成第二相，研究较多的 La、Ce、Y 三种稀土元素中，La 与 Ce 易与 Cu 基体反应形成 Cu_6La 和 Cu_6Ce 的第二相，而 Y 元素在铜镍合金中的第二相报道较少。关于稀土对铜镍合金耐蚀性能的影响，国内外学者从腐蚀速率、失重率、腐蚀后合金表面形貌等方面报道了稀土对铜镍合金耐蚀性能的作用，研究结果表明，不同的稀土元素在不同成分的铜镍合金中，稀土的最优添加量有差异，因此，稀土对铜镍合金耐腐蚀性能的影响规律仍值得探究，且稀土元素在铜镍合金中的耐蚀机理尚未有定论。根据上述研究现状，结合赣南重稀土资源优势，本书将重点介绍重稀土钇（Y）元素在 B10 铜镍合金中的作用。

2 图像特征分析与卷积神经网络

2.1 图像特征分析技术

数字图像分析或计算机图像分析是指计算机或电子设备自动研究图像以从中获取有用信息，该设备通常是计算机，但也可以是电路、数码相机或移动电话。它涉及计算机或机器视觉和医学成像领域，并大量使用模式识别、数字几何和信号处理。计算机科学领域是在20世纪50年代在美国的麻省理工学院A.I实验室等学术机构中发展起来的，最初是作为人工智能和机器人技术的一个分支。有许多不同的技术用于自动分析图像，每种技术对于小范围的任务可能是有用的，但是与人的图像分析能力相比，仍然没有任何已知的图像分析方法对于广泛的任务是足够通用的。图像分析的局限性在于它通常需要进行假设并且仅提供对组织中感兴趣的对象的相对变化的测量，即使其有公认的局限性，图像分析也是获取定量数据的有力工具。不同领域的图像分析技术示例包括：视频跟踪、医学扫描分析、自动车牌识别等。其应用不断扩展到科学和工业的所有领域，包括医学（见图2-1）、金相学等。

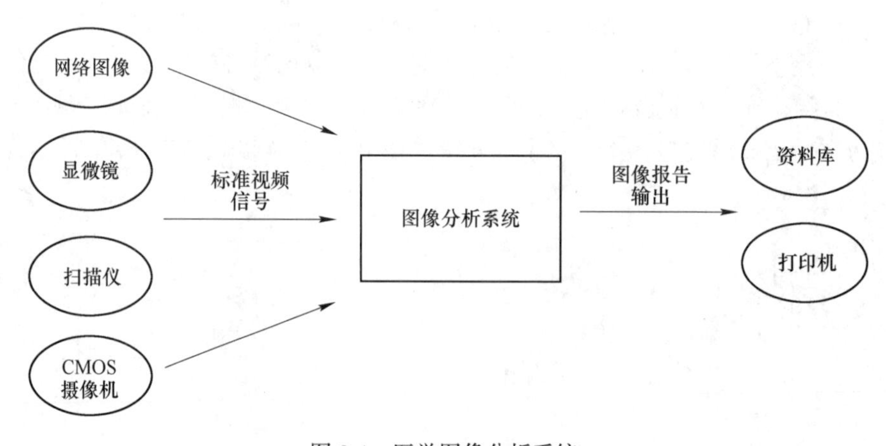

图2-1　医学图像分析系统

图像分析一般有传感器输入、图像分割、数据分析、解释4个过程。首先是用各种仪器设备将实际对象转化为利于计算机处理的图像。然后将目标和背景分割开，分割一般包括利用像素点分类等的点技术和利用纹理等的区域技术，在本书中对晶界图像的分析主要偏向于采用点技术。接着对分割出的目标进行详细的关注信息采集和分析，利用得到的数据或特征进一步构造出有价值的模型。最后，利用分析出的目标特征或者显示出的一些规律对图像所含实际对象的某些性质给予解释，如本书利用得到的晶界特征分布规律反过来解释并预测金属的抗腐蚀性能。

2.2　卷积神经网络

2.2.1　卷积神经网络（CNN，Convolutional Neural Network）研究意义

众所周知，近年来神经网络领域的发展速度越来越快，在研究者们的努力下取得了丰富的研究成果，其研究意义主要有支撑理论研究、特征表达研究和应用价值 3 个方面。

2.2.1.1　支撑理论研究

在过去的几年里，主要的计算机视觉研究工作集中在卷积神经网络，这些努力已经在广泛的分类和回归任务上表现出了非常优秀的性能。相比之下，虽然这种方法的历史可以追溯到数年前，但对于这些系统如何实现其杰出成果的理论理解却滞后。事实上，目前计算机视觉领域的许多贡献都使用 CNN 作为一个黑匣子，它的工作原理非常模糊，确切的说，既不能够给卷积网络中的卷积内核下一个明确的定义，也不能够从理论上解释对不同架构的设计会出现截然不同的效果的原因。此外，目前对 CNN 的实现需要大量的数据用于训练和设计决策，这些决策对性能有很大影响，而更深入的理论理解应该减少对数据驱动设计的依赖。因此，研究 CNN 的支撑理论不仅有助于提高对 CNN 的科学理解，更重要的是有助于提高其实际适用性。

2.2.1.2　用于图像特征表达

图像的特征选取是机器视觉领域中的一个非常重要的内容。在已有的研究中，一些典型的人工选取特征在特定场景中已经具有了较好的特征表达效果（如 HOG，Histogram of Oriented Gradient），但这些人工特征的适用范围却较为狭隘，部分人工设计的特征会局限在特定的应用环境甚至是特定的数据集中，因此需要有一种泛化性能更强的特征表达方式。CNN 作为一种具有分层学习特征能力的深度学习模型，其学习到的特征往往具有更强的辨别能力和泛化能力。

2.2.1.3　应用价值

CNN 经过多年的发展，从对手写字符的识别应用扩展到行为检测、行为识别等一些较为复杂的领域，如今更是向着自然语言处理、语音识别等深层次的人

工智能迈进。从目前的研究趋势来看，CNN 的应用前景将越来越广泛，但目前将 CNN 应用至 B10 铜镍合金晶界图像的研究却寥寥无几，原因在于：

（1）带有性能标签的晶界图像难以获取。虽然晶界图像可以采用电子背散射衍射技术和取向成像显微图获得，但每一张晶界图像的抗腐蚀性能标签却需要对应的样品通过物理腐蚀试验和抗阻测试才能够获得，因此得到足够的训练数据集需要长时间的积累和沉淀。

（2）晶界图像的内容是一条条相互交叉的晶界线（晶界），晶界之间的连通性以及交叉角度（晶间夹角）对于金属的抗腐蚀性能有着重要的影响。

因此，一方面，对于获得的大尺寸晶界图像不能采用裁剪等破坏图像完整性的方式加大训练集，这不仅限制了模型的输入同时进一步导致了训练集的稀少；另一方面，正因为合金材料微观结构中的晶间失效将会导致其寿命、可靠性和使用价值的降低，而晶界的分布对于金属的晶间失效和腐蚀路径的渗透又起着关键性作用，所以通过对材料微观组织结构的精确控制可用于改善其性能。为了准确预测和控制 B10 铜镍合金的抗腐蚀性能，了解晶界组织与晶间腐蚀性能的关系，急需在晶界组织结构和抗腐蚀性能之间建立直接的联系。

2.2.2 卷积神经网络发展历程

经过几十年的研究和发展，CNN 从最初的理论模型，到能够完成一些较为简单的任务，再到近期在人工智能上的广泛应用，已逐渐成为了一个热门的研究方向。

从 CNN 的结构发展来看，LeCuN 用分层的方式从原始像素中提取特征的方法提出了初始 CNN 的改进模型 LeNet-5，并将其用于在文档识别应用程序中对字符进行分类，LeNet-5 依赖于较少的参数以及考虑图像的空间拓扑使得 CNN 能够识别图像的旋转变体。尽管 LeNet-5 实现了许多成功的功能，但因其对数据集的要求较高且网络本身较弱的泛化能力和较大的训练开销使得它的识别能力并未扩展到手写识别以外的分类任务。

针对 LeNet-5 的缺陷，Kfizhevsky 等人提出了被认为是第一个深度 CNN 架构的 AlexNet，通过更深的网络层次以及应用更多的参数优化策略来增强 CNN 的学习能力并使其在图像分类和识别任务中取得了突破性的成果。AlexNet 的基本架构如图 2-2 所示，该网络包含 5 个卷积层和 3 个池化层，之后是 3 个密集的全连接层。为了克服网络深度带来的过拟合问题，算法在训练期间随机跳过一些转换单元，以强制模型学习更健壮的特征。除此之外，该网络中的每个卷积层后面都是 ReLU 非线性激活函数，通过减轻梯度消失来提高收敛速度。还应用了重叠池化和局部响应归一化，以通过减少过度拟合来改进泛化。由于其有效的学习方法，AlexNet 在新一代 CNN 中具有重要意义，并开启了 CNN 研究的新时代。

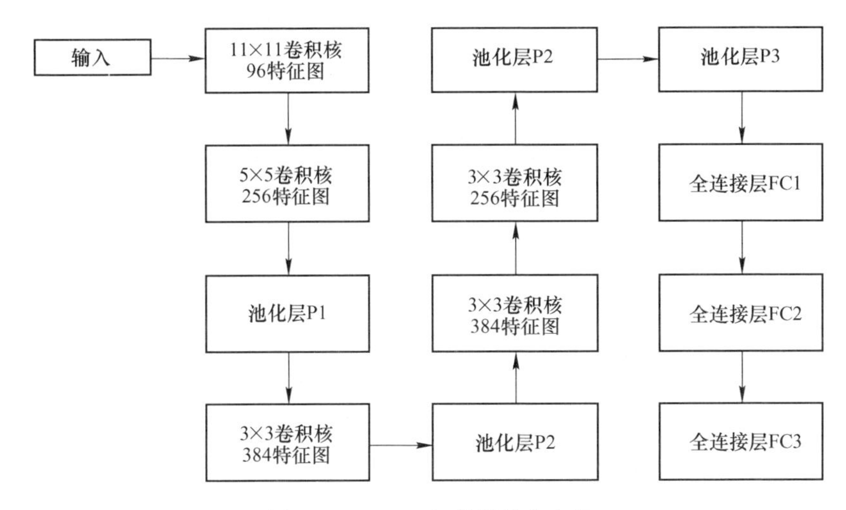

图 2-2 AlexNet 架构的基本布局

在 AlexNet 基础上，Simonyan 和 Zisserman 提出了一种简单有效的模块化层网络结构，这种新架构被称为 VGG。为了模拟深度与网络表征能力的关系，其采用了比 AlexNet 更深的 19 层网络架构。VGG 用一堆 3×3 过滤层取代了 11×11 过滤器，并通过实验证明了：

（1）同时放置 3×3 过滤器可以增进较大的过滤器效果。

（2）平行放置多个小尺寸滤波器可以使感受野与大尺寸滤波器（5×5 和 7×7）具有同样效果。

此外，VGG 通过在卷积层之间放置 1×1 滤波器来进一步调节 VGG 中的 CNN 复杂度并学习所得特征图的线性组合。这些优化策略使得 VGG 在图像分类和定位问题方面都表现出良好的效果，但由于其使用了大约 1.4 亿个参数，VGG 仍然受到了来自高计算成本的制约。

从这种用小卷积核代替大卷积核的思路出发，Szegedy 等人也提出了一种 Inception模块。如图 2-3 所示，Inception 模块由 3 种小尺寸的卷积核构成，通过使用这种小尺度卷积核可以降低网络的训练参数数量，并且多种大小的卷积核可以针对同一特征图像进行特征提取。

向更深层次的网络看，He 等人提出了 152 层深 ResNet，并且为深层网络的训练引入了最佳方法。如图 2-4 所示的残差块的体系结构，残差网络通过 short connections 将低层的特征信号跨层连接至深层网络中，残差链接加速了深层网络的融合，从而使 ResNet 能够避免梯度减少问题。ResNet 分别比 AlexNet 和 VGG 深将近 20 倍和 8 倍，尽管深度增加了，但其却显示出比以前提出的网络更低的计算复杂度。

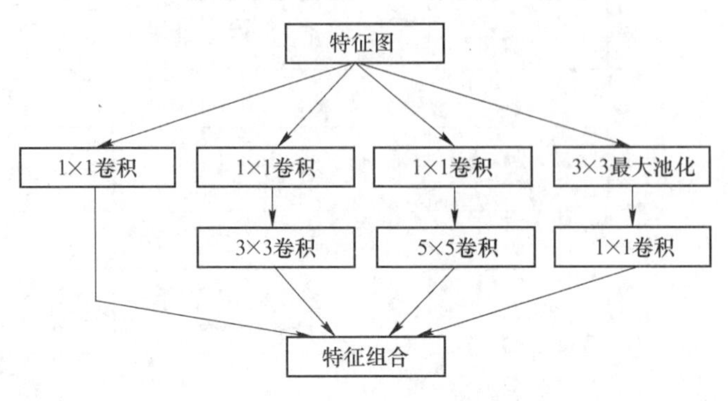

图 2-3　Inception 模块

在 ResNet 基础上，Hu 等人从特征图像之间的相关性出发，提出了包含 Squeeze-and-Excitation 模块和特征重校准机制的 SE-Net。SE 模块抑制不太重要的特征映射，并增强有用的特征映射，模块本身是以通用方式设计的处理单元，可以在卷积层之前添加到任何 CNN 架构中。SE-Net 通过 Squeeze 操作将经过卷积等变换的二维通道特征压缩成一个实数，然后利用 Excitation 操作按照相关性赋予通道相应的权值，这个权值被认为是对应通道的重要程度，最后通过 Reweight 操作对卷积输入和权值进行运算后自适应地重新校准每个层特征图。2017 年 SE-Net 在 ImageNet竞赛图像分类中做出了极为优秀的表现，并通过实验证明在很多网络上带有 SE 模块的比不带该模块的将收敛至更低的错误率。

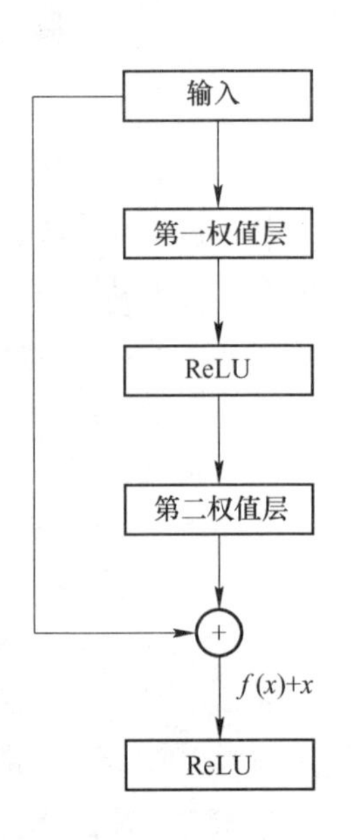

图 2-4　残差块

除此之外，He 等人从网络深度、特征面数、卷积核尺寸三者的相互关系角度出发，展开了三者对 CNN 性能的影响力研究，从而得出的结论是：

(1) 网络深度对 CNN 性能的影响要大于卷积核尺寸。

(2) 小尺寸卷积核、深层次的网络要比大尺寸卷积核、浅层次的网络性能更优。

(3) 在卷积核尺寸不变的情况下，增加深度并减少特征面的数目将获得更好的实验结果。

(4) 在网络深度不变的情况下，改变特征面数目和改变卷积核尺寸带来的收益相差不大。

此外他们还指出，网络性能将随着深度的加深而逐渐达到饱和并且过度减少特征面数目或者卷积核尺寸将会降低网络的性能。

在众多研究中也不乏对过拟合问题的深入介绍。过拟合问题一般指的是机器学习模型对从训练集上提取的某个辨别性特征过于偏重，从而在测试集上忽视了其他辨别性特征而导致模型识别率下降的现象。Hinton 等人提出的 dropout 以一定概率随机跳过某些单元或连接来改进泛化，显示出了一定的有效性。但由于 CNN 卷积核具有权值共享的特性，本身参数消耗量就远小于全连接网络，因此，将 dropout 作用于全连接层的过拟合效果不佳。对此缺陷，Lin 等人提出了 NIN（Network in Network）网络结构。NIN 是一种处理过度拟合和纠正卷积网络过度完整表示的方法。特别是，由于在每一层使用了大量的内核，许多网络在训练后往往会学习冗余的滤波器。因此，通过训练网络学习使用加权线性组合来组合特征映射，从而减少每一层的冗余。此外，针对 CNN 的池化层，Zeiler 等人从广泛应用于全连接层的 dropout 技术中得到启发，提出了一种试图同时兼顾平均池和最大池的随机池化方法以改善池化层的过拟合问题。该方法在池化操作中引入随机性，迫使反向传播的信号在训练期间在每次迭代中随机采取不同的路径。方法是首先对池化的每个区域内的特征映射响应进行归一化，然后将归一化值用作多项式分布的概率，尽管随机池依赖于从池化区域中选择一个值，但选取的值在区域中不一定是最大的。

最后要提出的是针对传统卷积神经网络无法在非欧几里得结构图上有效地提取特征的问题，Bruna 等人提出了适用于拓扑结构图的图卷积神经网络（见图 2-5），该网络将每个节点的特征经过处理后传播给相邻节点，然后节点将其收到的邻接点特征进行聚集并融合，最后对融合的特征信息进行非线性变换。该网络将 CNN 应用领域成功地拓展至拓扑结构图上，并且在对节点的分类和对边预测的任务中表现出了非常优秀的性能。

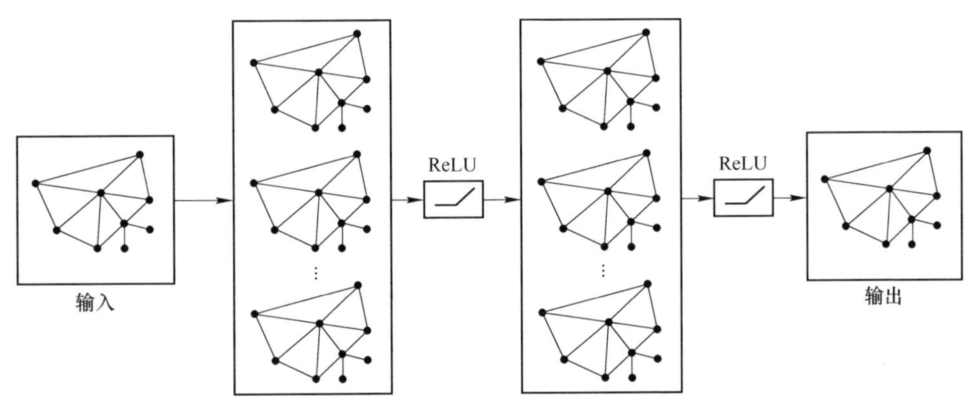

图 2-5 多层图卷积神经网络示意图

2.2.3　卷积神经网络表征方法

1962年，美国生物学家Hubel和Wiesel受视觉皮层的启发，发现对视觉输入空间的局部区域很敏感的一系列细胞并称之为“感受野”。根据两人的研究，在视觉皮层中的神经网络有一个从外侧膝状体到高阶超复杂细胞的层级结构，并且在该层级结构中，复杂细胞尽管被调整到特定的方向但其表现出了一定程度的位置不变性。1980年，Fukushima根据层级模型提出了结构与之相似的神经认知机。神经认知机采用简单细胞层和复杂细胞层交替组成，简单细胞层能够响应感受野内的特定边缘刺激，提取局部特征，复杂细胞层对来自确切位置的刺激具有局部不敏感性。随后，LeCun等人在神经认知机的基础上使用误差梯度回传方法设计出了LeNet-5模型，LeNet-5是经典的CNN结构，在一些模式识别领域中该模型取得了不错的效果，很多学者对其进行了研究和改进。

卷积网络是一种特殊类型的神经网络，由于其具有对局部操作进行层次抽象表示的能力，特别适合于计算机视觉应用。卷积结构在计算机视觉中的成功有两个关键的设计思想。首先，卷积网络利用了图像的二维结构以及邻域内像素通常高度相关的事实。因此，卷积网络避免使用所有像素单元之间的一对一连接（如大多数神经网络的情况），而使用分组的局部连接。此外，卷积网络体系结构依赖于特征共享，因此每个通道（或输出特征映射）都是通过所有位置使用相同的滤波器进行卷积生成的。与标准神经网络相比，卷积网络的这一重要特性导致了一种依赖于更少参数的结构。第二，卷积网络还引入了一个池步骤，它提供了一定程度的转换不变性，使体系结构不受微小位置变化的影响。随着网络深度的增加，感受域的增加（加上输入分辨率的降低）允许网络更深层次学习更抽象的特征。例如，对于图像识别的任务，卷积网络首先集中于对象的各个部分的边缘，以最终覆盖层次中更高层的整个对象。图2-6显示了基本的CNN结构，包含5层基本结构且可能会有多个交替的卷积层和池化层。下文将对各层及一些常见的层间模块进行阐述。

2.2.3.1　卷积层

卷积层由一组卷积核（每个神经元充当核）组成。这些内核与称为感受野的图像的一小部分相关联。它的工作原理是将图像分成小块并将它们与一组特定的权重进行卷积（将滤波器的元素（权重）与相应的感受野元素相乘）。将图像划分为一个个小块有助于提取局部相关的像素值，这种局部聚合的信息也称为特征图，通过在具有相同权重集的图像上滑动卷积核来提取不同的特征集，基于滤波器的类型和大小，填充类型和卷积方向，卷积操作也可以分类为不同类型。卷积计算为：

$$F_l^k = (I_{x,y} K_l^k) \tag{2-1}$$

其中，$I_{x,y}$为输入图像中的局部区域（感受野）；K_l^k 为卷积核。以图 2-7 为例简单的解释卷积计算过程。

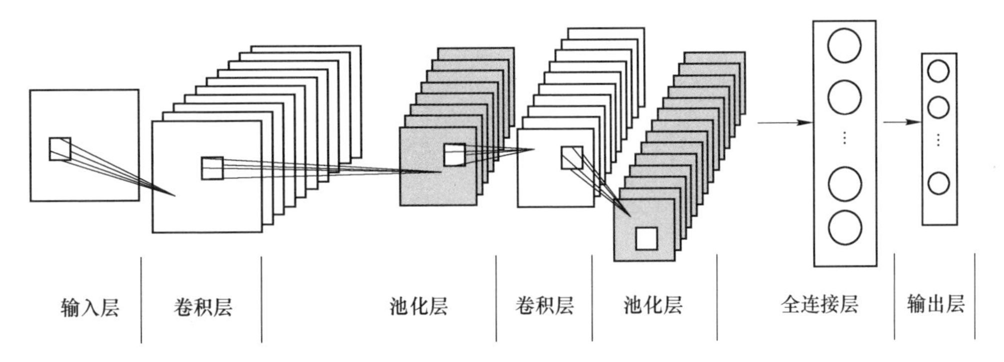

图 2-6 卷积神经网络的基本结构

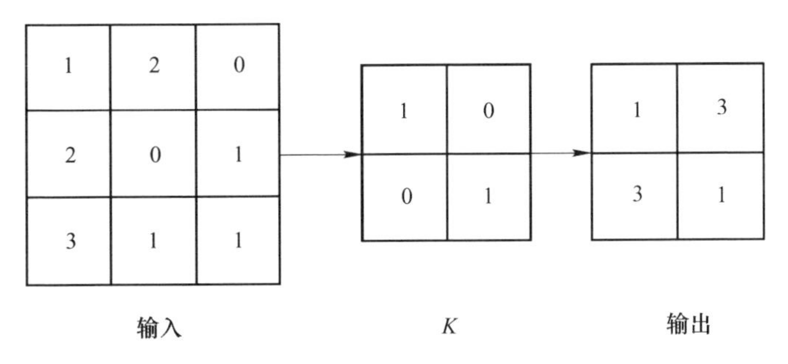

图 2-7 卷积计算过程示意图

如图 2-7 所示，左侧为 3×3 大小的单个输入特征图，中间为一个 2×2 大小的卷积核，右侧为经过卷积计算的输出特征图，有：

$$a(1,1) = 1 \times 1 + 2 \times 0 + 2 \times 0 + 0 \times 1 = 1 \tag{2-2}$$

$$a(1,2) = 2 \times 1 + 0 \times 0 + 0 \times 0 + 1 \times 1 = 3 \tag{2-3}$$

$$a(2,1) = 2 \times 1 + 0 \times 0 + 3 \times 0 + 1 \times 1 = 3 \tag{2-4}$$

$$a(2,2) = 0 \times 1 + 1 \times 0 + 1 \times 0 + 1 \times 1 = 1 \tag{2-5}$$

图 2-8 所示为 CNN 的卷积层和池化层结构示意图，从左至右依次为输入特征层、卷积层、池化层。

卷积层包含多个特征面，并且每个特征面包含了多个神经元，各个神经元均与上一层的局部区域相连。由图 2-8 可看出卷积核与输入特征的神经元相连并进行局部连接，将局部卷积计算结果加上偏置传递给激活函数能够计算出输出特征面的神经元输出值。需要注意的是，随着卷积核滑动步长的变化，卷积层的输出

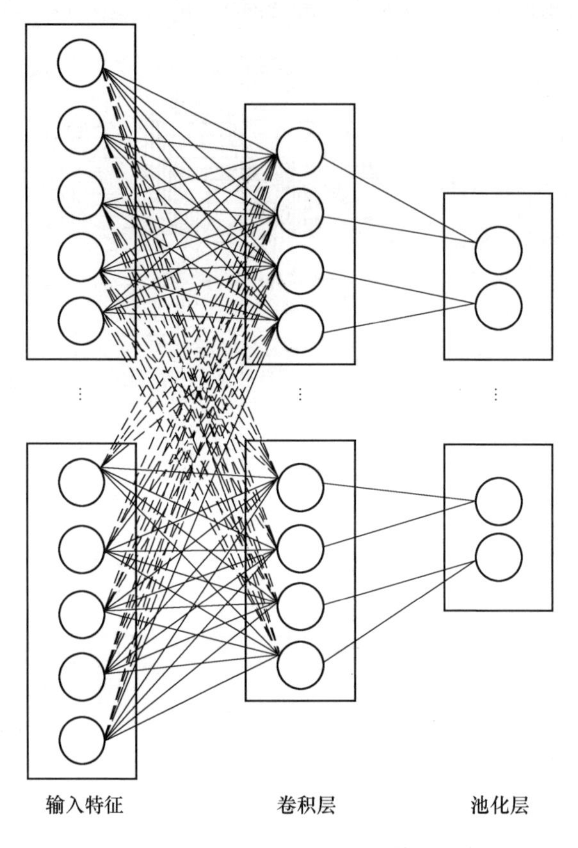

图 2-8　CNN 的卷积层和池化层结构示意图

特征图尺寸是不同的。CNN 中输出图像尺寸 C_{out} 和输入图像尺寸 C_{in} 满足关系为：

$$C_{out} = \frac{C_{in} - K}{S} + 1 \tag{2-6}$$

其中，K 为卷积核的大小；S 为卷积核滑动步长。一般情况下，卷积核的行和列是相等的，如果不等或者输入特征图的行、列数目不等，那么就需要分开计算输出特征图的行、列数目，计算方式仍如式（2-6）。如果想要得到特定大小的输出特征图，那么需要经过准确的计算设定好卷积核尺寸、滑动步长或者通过补零等其他额外操作。图 2-7 中卷积核的滑动步长为 1，大小为 2×2，其输出特征图尺寸（行、列计算方式相同）计算方式为：

$$C_{out} = \frac{3 - 2}{1} + 1 = 2 \tag{2-7}$$

最后，对于输出特征面神经元的输出结果计算方式为：

$$X_{m,j}^{out} = f(x_h^{in} w_{h,i} + x_{h+1}^{in} w_{h+1,j} + \cdots + b_m) \tag{2-8}$$

其中，$X_{m,j}^{\text{out}}$为输出特征面 m 第 i 个神经元的输出；b_m 为特征面 m 的偏置值；$f(g)$ 为激活函数。在传统的 CNN 中，激活函数一般使用饱和非线性函数如 sigmoid 函数、tanh 函数等。相比较于饱和非线性函数，不饱和非线性函数能够解决梯度爆炸、梯度消失问题，同时其也能够加快收敛速度。Jarrett 等人探讨了卷积网络中不同的纠正非线性函数并发现部分函数能够显著地提升 CNN 的各方面性能，在本书 2.2.3.3 节中也对部分激活函数做了简单的描述。

2.2.3.2 池化层

池化操作同卷积一样均是一种局部操作，一旦提取了特征，只要保留其相对于其他特征的大致位置，而精确位置就变得不那么重要了。池化层聚合了感受野附近的类似信息，并输出该局部区域内的主导响应。式（2-9）显示了池化操作，Z_l 代表了第 l 个输出特征图，$F_{x,y}^{l}$代表第 l 个输入特征图，$f_{\text{p}}()$ 定义了池化操作的具体类型。池化操作的使用有助于提取特征的组合，且这些特征组合对于平移和小扭曲具有不变性。此外，池化还可以通过减少过度拟合来帮助增强泛化。除此之外，减少特征映射的大小可以调节网络的复杂性。

$$Z_l = f_{\text{p}}(F_{x,y}^{l}) \tag{2-9}$$

以图 2-9 这样一个简单的结构为例解释最大池化的计算规则，其中池化窗口为 2×2，且采用不重叠池化方式。

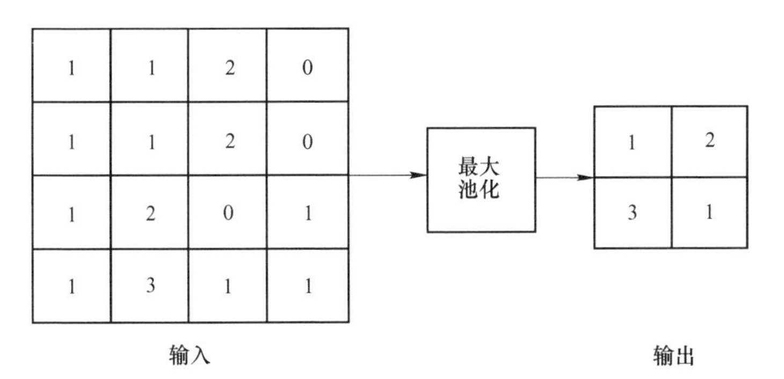

图 2-9 最大池化计算过程示意图

将池化窗口依序在输入矩阵上滑动，则输出矩阵的元素为：

$$\boldsymbol{a}(1,1) = \max(1,1,1,1) = 1 \tag{2-10}$$

$$\boldsymbol{a}(1,2) = \max(2,2,0,0) = 2 \tag{2-11}$$

$$\boldsymbol{a}(2,1) = \max(1,2,1,3) = 3 \tag{2-12}$$

$$\boldsymbol{a}(2,2) = \max(0,1,1,1) = 1 \tag{2-13}$$

池化层同样包含多个特征通道，每个通道仅对应其输入层的一个特征通道，池化操作会改变特征图的尺寸但不会改变特征图的个数。从图 2-8 可以看出，池化层每个特征通道的神经元的值均是通过卷积层中对应的某一个通道的部分神经元而来，且在图 2-8 中这些输入神经元的作用范围是不重叠的。池化层能够二次提取特征，并且通过池化可以逐步减小特征图的尺寸，从而减少网络中的参数和计算量。常用的池化方法有最大池化（max-pooling）、均值池化（mean pooling）、随机池化、学习型池化等。最大池化和均值池化顾名思义，即选取感受野中的最大值和均值，对于随机池化方法，则是按照一定的概率选择感受野中的元素值，概率分配方式的不同，选择的结果也不一定相同，一般来说，元素值越大的被赋予的概率就越大，反之则被选中的概率就越小。显然，从上述中即可发现，随机池化其实就是对最大池化和均值池化的一种折中操作，既照顾了值较大的元素，又让值较小的元素有被选中的机会。因此，该种操作具有两种方法的优势。通过对池化操作原理的分析可得以下结论：

（1）当集合特性非常稀疏时，最大池化更适合。

（2）池化基数应该随着输入大小的增加而增加，池化基数会影响池函数，更一般地说，除了池类型，池大小也起着重要的作用。

此外，还有混合池化（mixed pooling）、空间金字塔池化（spatial pyramid pooling）、频谱池化（spectral pooling）等池化方法。一般来说，池化操作的滑动步长等同于其窗口尺寸以保证其每次池化的感受野不重叠，但是也有将步长设置为小于窗口尺寸的池化方法，这种方法称为重叠池化，与不重叠池化方法相比，重叠池化更为有效地避免过拟合增强泛化性能。

2.2.3.3　激活函数

激活函数具有决策作用并有助于复杂模式的学习，网络中选择适当的激活函数可以加速学习过程。用于卷积特征图的激活函数定义：

$$T_l^k = f_{\mathrm{A}}(F_l^k) \tag{2-14}$$

其中，F_l^k 为卷积运算的输出；$f_{\mathrm{A}}(\cdot)$ 为非线性转换并返回第 k 层的变换输出 T_l^k。目前有多种激活函数，例如 sigmoid、tanh、maxout、ReLU 及其变体（ELU 和 PReLU），其中，ReLU 及其变体比其他激活函数更有助于克服消失的梯度问题，部分函数计算式和函数图如下所述。

（1）sigmoid 函数如式（2-15）和图 2-10 所示。

$$f(x) = \frac{1}{1 + \mathrm{e}^{-ax}} \tag{2-15}$$

（2）tanh 函数如式（2-16）和图 2-11 所示。

$$f(x) = \frac{\mathrm{e}^{x} - \mathrm{e}^{-x}}{\mathrm{e}^{x} + \mathrm{e}^{-x}} \tag{2-16}$$

（3）ReLU 函数如式（2-17）和图 2-12 所示。

$$f(x) = \begin{cases} x & x > 0 \\ 0 & x \leqslant 0 \end{cases} \tag{2-17}$$

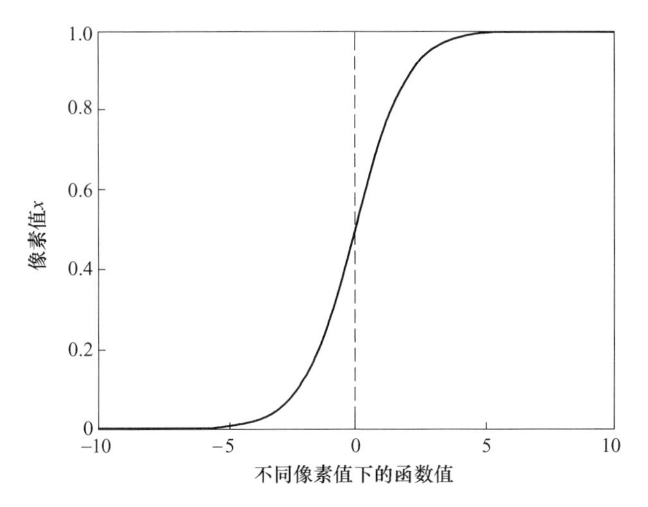

图 2-10 sigmoid 函数示意图

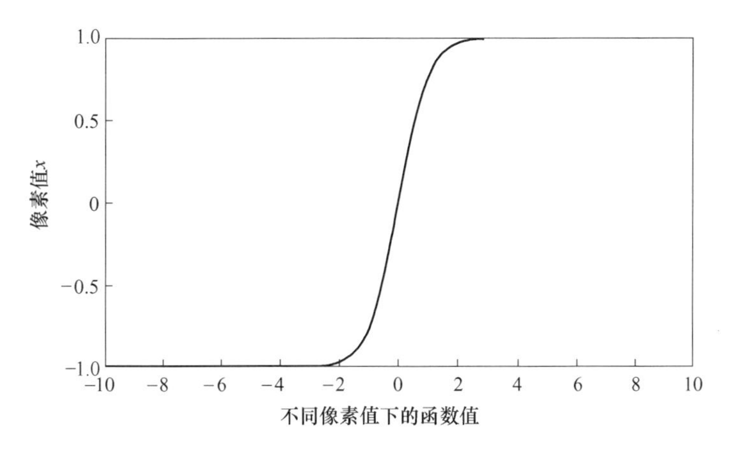

图 2-11 tanh 函数示意图

2.2.3.4 批量标准化

批量标准化用于解决与特征图内部协方差偏移相关的问题。内部协方差偏移隐藏了单位值分布的变化，这会减慢收敛速度（通过强制学习速率到小值）并且需要谨慎地初始化参数。式（2-18）显示了变换特征映射 T_l 的批量归一化：

$$N_l^k = \frac{T_l^k}{\delta^2 + \sum_i T_i^k} \tag{2-18}$$

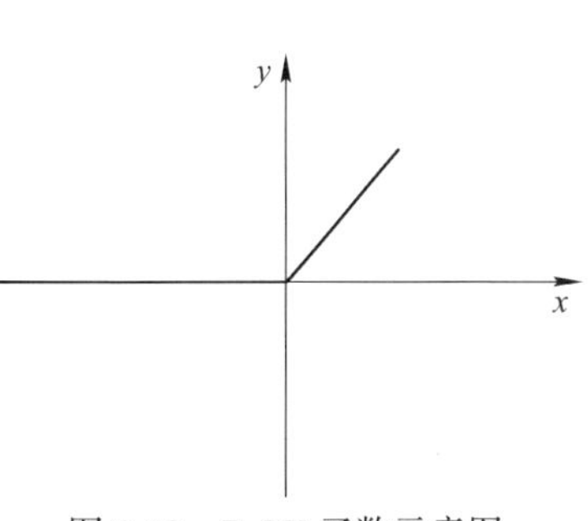

图 2-12 ReLU 函数示意图

其中，N_l^k 为归一化特征图；T_l^k 为输入特征图；δ 描绘了特征图中的变化。批量标准化通过将特征映射值置于零均值和单位方差来统一特征映射值的分布。此外，它使梯度流动变得平滑并且充当调节因子，这改善了网络的泛化而不依赖于 dropout。

2.2.3.5 全连接层

在若干卷积层和池化层之后，网络获得的高级抽象特征将在全连接层中获得整合，可以说神经网络中的高级推理正是通过全连接层完成的。全连接层中的神经元与前一层中的所有特征单元相接。

如图 2-13 所示，全连接层实际上可以看作一个整体模块，这个模块在前向传播过程中具有 3 个输入（前一层的输出、权重矩阵、偏置）以及一个输出，在后向传播的时候拥有一个输入（输出值与目标值之间的误差）以及 3 个输出（权值误差、偏置误差、激活函数的输入误差），为了得到一个合理、稳定的输出误差，选择一个适合的损失函数（或目标函数）是有必要的，常见的损失函数有均方误差损失、均方对数损失、softmax 损失等，相对于其他损失函数，softmax 数值更为稳定且从概率上更容易解释，在本书第 4 章的模型构建中，损失函数选用的即是 softmax 函数。CNN 在全连接层间常常会加入 dropout 模块，对于所有的输入特征，网络通过 dropout 技术会随机地暂时丢弃其中的一部分神经元，因此每次训练的网络结构并不完全相同，进而可以防止神经元在训练数据上协同依赖的复杂性，减少神经网络中的过度拟合。目前，关于 CNN 的分类研究大都采用 ReLU+dropout 技术，并取得了很好的性能。

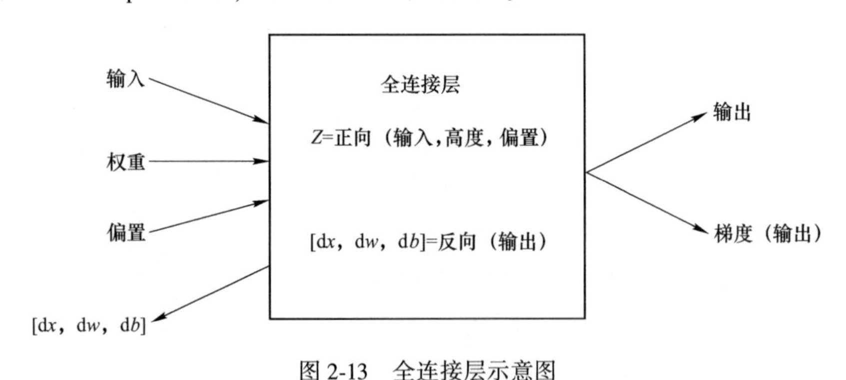

图 2-13 全连接层示意图

3 实验材料与方法

3.1 实验材料

本书主要以4种不同钇（Y）添加量的B10白铜合金作为研究对象，编号依次为S1、S2、S3、S4。为尽量减少杂质对B10合金组织性能的影响，以纯Cu、纯Ni、纯Fe、纯Mn、纯Y为原材料，加入真空熔炼炉中熔炼并浇铸成20mm×80mm×160mm的铸锭。利用PEELAN9000型等离子体质谱仪测得合金的实际化学成分，见表3-1。

表3-1 B10合金实测化学成分 （质量分数/%）

试样	w(Cu)	w(Ni)	w(Fe)	w(Mn)	w(Y)	w(S)	w(C)
S1	Bal.	11.58	1.88	1.02	0	0.0010	0.0035
S2	Bal.	11.43	1.63	0.96	0.0039	0.0010	0.0084
S3	Bal.	11.44	1.61	0.96	0.0210	0.0010	0.0084
S4	Bal.	11.58	1.67	0.96	0.0530	0.0012	0.0084

3.2 实验方案

3.2.1 钇含量对白铜合金组织与性能试验

为模拟B10白铜管的实际生产工艺，将铸锭经均匀化退火、热轧、一次冷轧、中间退火、二次冷轧、最终退火工艺，制备成厚度为1.5mm的板材，具体的工艺流程如图3-1所示。其中，均匀化退火、热轧、中间退火及最终退火工艺的制定与合金的熔点密切相关，用差示扫描量热法（DSC）测得合金的熔点如图3-2所示，无稀土Y与含稀土Y的B10合金的熔点温度$T_{熔}$均为1150℃。均匀化退火温度以（0.9~0.95）$T_{熔}$为依据，定为1050℃；热轧温度应低于合金熔点200~300℃，故而定热轧温度为950℃；中间退火与最终退火温度的制定以0.7$T_{熔}$为依据，定为800℃。

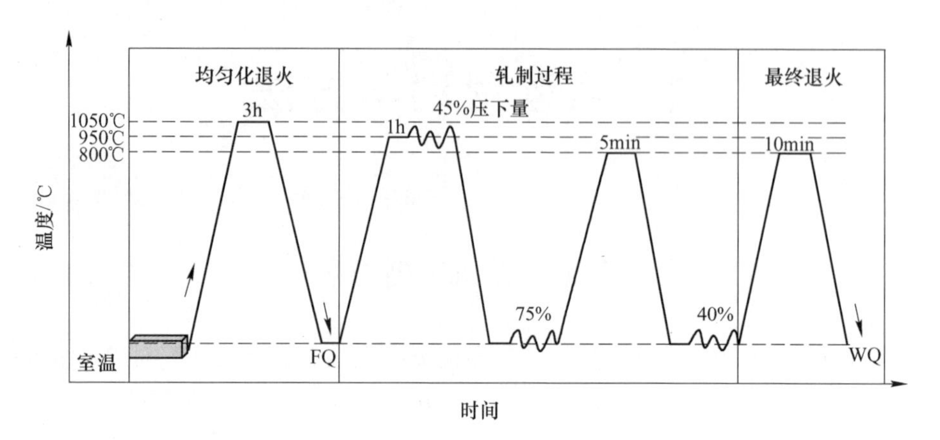

图 3-1　工艺流程

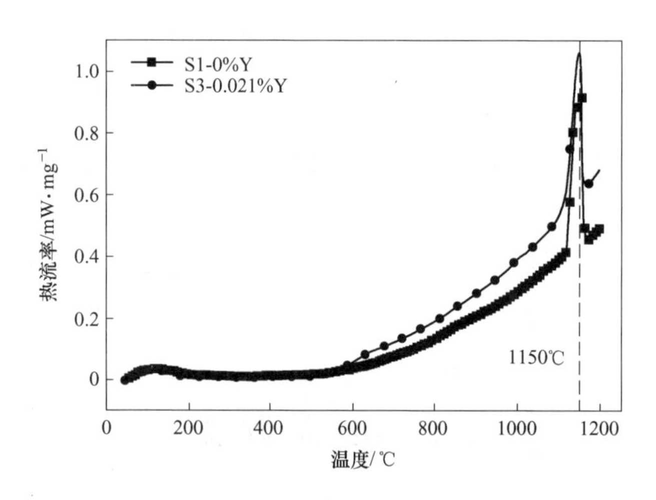

图 3-2　B10 合金 DSC 曲线

3.2.2　B10 合金的晶界特征的图像表征与神经网络预测

对 S1 成分体系的 B10 铜镍热轧板在 80%的条件下进行冷轧，然后在 1073K 条件下预退火 300s。退火后的铜镍合金板经过 5%、9%、14%、25%、32%的二次冷轧，获得不同厚度的预退火样品，然后在 1073K 温度下进行 600s 的最终退火，得到不同晶界特征分布的 B10 合金样品。通过图像特征处理和神经网络预测的方法对不同晶界特征分布的 B10 合金进行耐腐蚀性能预测，并与实际腐蚀试验结果对比，验证腐蚀模型和预测模型的精准性。

3.3 实验设备

本书在材料制备及分析测试过程中所用的主要仪器设备见表3-2。

表3-2 实验所用主要仪器设备

序号	设备名称	设备型号	设备用途
1	真空熔炼炉	CXZGX-0.1	熔炼材料
2	等离子体质谱仪	PEELAN9000	成分检测
3	管式保护气氛退火炉	SK-10-13H	均匀化退火
4	二辊轧机	ϕ320mm×500mm	热轧、一次冷轧、二次冷轧
5	箱式电阻炉	SX-2-4-10	中间退火、最终退火
6	差示扫描量热仪	NETZSCH STA 449F5	测合金熔点
7	光学显微镜	Zeiss 2550	金相组织观察
8	电子探针	JXA8230	稀土夹杂物分析
9	电子背散射衍射仪	HKL Nordlys Max2	晶界结构分析
10	透射电子显微镜	Tecnai G2 F20	第二相、位错、层错分析
11	电化学工作站	Parstat 4000A	腐蚀测试
12	扫描电子显微镜	ΣIGMA	腐蚀产物形貌观察
13	能谱仪	X-MaxN 20mm^2	腐蚀产物能谱分析
14	X射线衍射仪	Empyrean	腐蚀产物物相分析
15	X射线光电子能谱仪	EscaLab 250Xi	腐蚀产物剖面分析
16	同步辐射X射线荧光光谱	加拿大光源	腐蚀产物精细结构分析

3.4 材料测试与分析

3.4.1 组织观察

3.4.1.1 金相观察

将金相样品经镶嵌、磨制、抛光后，在配比为5g $Fe(NO_3)_3$ + 25mL HCl + 70mL H_2O 的侵蚀液中腐蚀20s左右，使样品的微观组织清晰可观察，在Zeiss 2550型光学显微镜（OM）下观察合金的金相组织。

3.4.1.2 稀土Y的赋存形态观察

将上述制备好的金相样品在JXA8230型电子探针（EPMA）下，观察稀土Y在合金中的存在形态及稀土物相的大小与分布情况。同时，利用FEI Tecnai G2

F20 型透射电子显微镜（TEM）观察稀土相的形貌，并标定物相结构。透射样品的制备过程为：切取薄片→机械减薄至 120μm→冲成 ϕ3mm 的圆片→机械减薄至 50μm→双喷减薄→清洗吹干，双喷液为甲醇：硝酸 = 3：1，双喷温度为 −30 ~ −20℃，双喷电流为 20 ~ 30mA。

3.4.2　晶界与层错分析

3.4.2.1　晶界特征分布分析

将尺寸为 1.5mm×12mm 的轧向纵面作为晶界结构的观察面，利用电解抛光技术制样，电解液为 25% H_3PO_4+25% C_2H_5OH + 50% H_2O，电解时间 60s，利用扫描电子显微镜附带的 HKL Nordlys Max2 型电子背散射衍射仪（EBSD）获得样品的晶界结构信息，并利用 HKL-Channel 5 软件统计分析样品的晶界特征、晶粒取向、晶粒尺寸等信息。

在 2μm 的台阶尺寸下进行 EBSD 分析。扫描每个样品的面积为 290μm×212μm。HKL Channel 5 软件用于分析 EBSD 数据。在本书中，2° ~ 15°间的晶粒错向被认为是低角度晶界，大于 15°则是高角度晶界。点阵重位晶界（CSL）属于大角度晶界。根据 $\Delta\theta max = 15° \Sigma^{-1/2}$ 的 Brandon 准则，将点阵中重合点阵的比例定义为 $1/x$，从而将 CSL 晶界表示为 Σx，如 $\Sigma 3$、$\Sigma 5$。当 $3 \leqslant x \leqslant 29$ 时，将 CSL 晶界识别为低能 CSL 晶界（低 Σ CSL），随机边界也属于大角度晶界，由 $x>29$ 的 CSL 晶界和非 CSL 晶界组成。经过上述软件和标准的处理之后，即可得到如图3-3 所示的晶界分布结构。

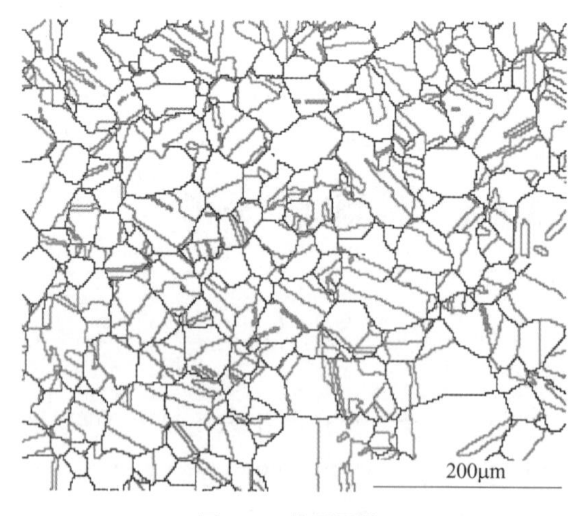

图 3-3　晶界图像

扫一扫看更清楚

图中黑色线条为晶间腐蚀抗力较差的随机晶界，而灰色线条和彩色线条分别是晶间腐蚀抗力较强的小角度晶界和其他类型的特殊晶界。

3.4.2.2 层错结构分析

选择一次冷轧态和最终退火态样品分别用于分析合金的形变层错和生长层错。一方面，利用Empyrean型X射线衍射仪（XRD）测得样品的衍射图谱，用于计算合金的层错几率。XRD测试以Cu靶为阳极靶材，管电压40kV，管电流40mA，除此之外，由于层错造成的衍射峰峰形的宽化是非常微小的，对XRD数据的精确度、峰形的尖锐度要求较高，因此特别设定扫描步长为0.0076°，并用石墨晶体单色器去除K_β线，扫描范围为2θ：30°~130°；另一方面，利用透射电子显微镜（TEM）观察合金中的层错结构。

3.4.3 腐蚀测试与分析

3.4.3.1 腐蚀样品制备与电化学测试

将腐蚀面为10mm×10mm的样品经粗磨→精磨（3000号SiC砂纸）→清洗吹干→环氧树脂固封，制备成腐蚀样品，电化学测试采用标准三电极系统，以样品作为工作电极，饱和甘汞电极作为参比电极，铂电极作为对电极，将样品置于3.5% NaCl溶液中连续浸泡30天，获得表面腐蚀产物膜，并利用Parstat 4000A型电化学工作站完成极化曲线与电化学阻抗谱的测试。

3.4.3.2 腐蚀产物形貌观察

将在3.5% NaCl溶液中浸泡30天的样品在ΣIGMA型扫描电镜（SEM）下观察，表征膜的致密性及是否有剥落现象。

3.4.3.3 腐蚀产物成分分析

利用Empyrean型X射线衍射仪（XRD）检测腐蚀产物膜的物相，以Cu靶为阳极靶材，管电压40kV，管电流40mA，扫描速率为2°/min，扫描范围2θ=10°~90°，测得的XRD图谱用软件Jade 6分析；同时，还采用EscaLab 250Xi型X射线光电子能谱仪（XPS）检测腐蚀产物膜的化学成分，通过氩离子溅射分析了Cu、O、Ni、Cl元素沿膜层剖面深度的分布及各元素的化学态，溅射速率约为0.2nm/s（vs. Ta_2O_5），利用XPSPEAK1软件对Cu 2p和Ni 2p图谱进行反卷积拟合分析。另外，还利用同步辐射X射线荧光光谱（XRF）分析了腐蚀产物膜中的稀土Y元素，并对Cu元素做X射线吸收精细结构（XAFS）分析，以进一步确定膜层中Cu元素的价态。

4 钇微合金化对 B10 合金组织结构的影响

稀土 Y 在熔炼及形变热处理过程中会对合金的组织结构产生重要影响，因此，本章主要介绍了不同稀土 Y 含量的 B10 合金铸态及最终退火态的组织特征及晶界特征，并通过计算合金的层错几率来反映稀土 Y 对合金层错能的影响。利用光学显微镜及电子背散射衍射技术观察了合金的金相组织及晶界特征；利用电子探针及透射电子显微镜分析了稀土夹杂物和稀土第二相的形态及分布；利用 X 射线衍射效应计算了合金的层错几率并用透射电镜观察了合金的层错结构。系统分析了稀土 Y 含量对合金组织结构的影响规律和机理。

4.1 钇微合金化对 B10 合金铸态组织的影响

稀土 Y 在 B10 合金的熔炼与凝固过程中起着重要作用，在此通过观察合金铸态组织，统计合金二次枝晶间距及经均匀化退火消除枝晶偏析后的晶粒大小，系统分析了稀土 Y 对合金铸态组织的影响，并通过分析合金中夹杂物的形态与分布，阐述了稀土 Y 对合金铸态组织的影响机理。

4.1.1 铸态金相分析

稀土 Y 微合金化会对 B10 合金的凝固组织产生影响，如图 4-1 所示，合金的铸态组织为典型的树枝晶，添加稀土 Y 后，合金的二次枝晶间距得到明显细化，当稀土 Y 含量为 0.053%时，图 4-1（d）中枝晶出现明显择优生长，呈有序化分布。为准确分析稀土 Y 对合金二次枝晶间距的细化作用，利用 Image-Pro 软件，沿平行于一次枝晶臂的方向，统计一定长度范围内（300μm）的二次枝晶数量，用以反映枝晶间距大小，并在不同区域多次测量统计，以确保数据具有代表性，统计方法如图 4-2（a）所示，二次枝晶数量越多，则枝晶间距越小。统计结果如图 4-2（b）所示，无稀土 Y 的 S1 合金二次枝晶数量最少，枝晶间距最大，添加稀土 Y 后，定长范围内的二次枝晶数量明显增多，表明添加稀土 Y 能有效细化二次枝晶间距，且随着 Y 含量增加，二次枝晶间距先减小后略有增大，稀土 Y 含量（质量分数）为 0.021%的 S3 合金二次枝晶间距最小。稀土 Y 能细化枝晶间距的原因从凝固理论上可解释为：合金中的稀土化合物优先凝固且细小弥散分

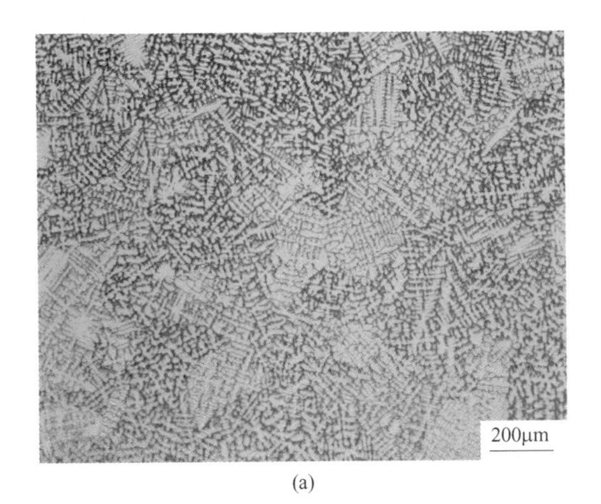

(a)

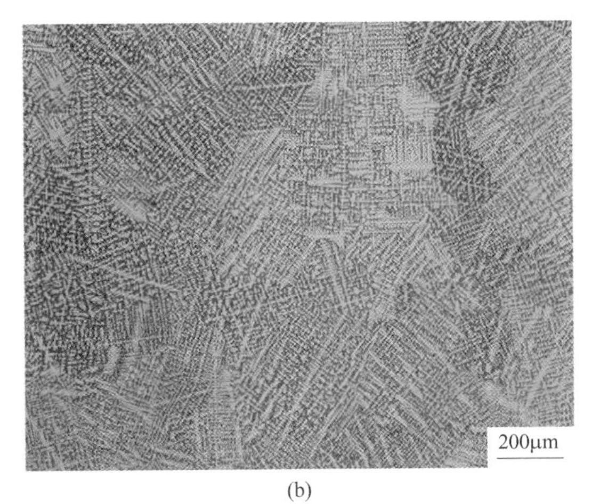

(b)

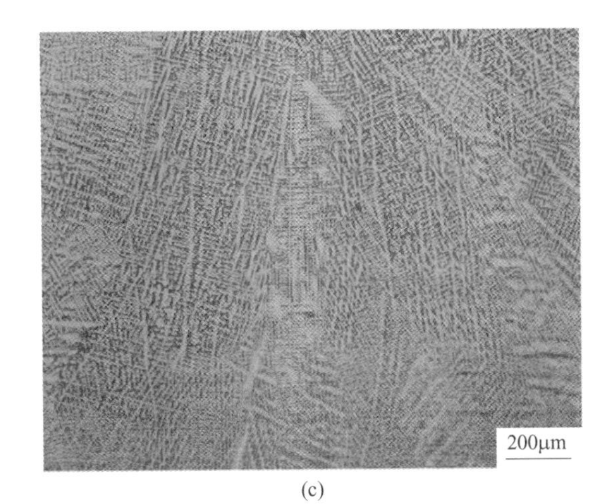

(c)

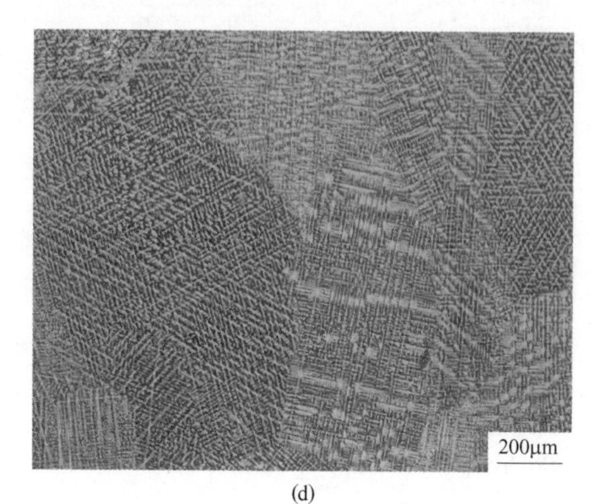

(d)

图 4-1　B10 合金铸态金相组织

（a）S1：0%Y；（b）S2：0.0039%Y；（c）S3：0.021%Y；（d）S4：0.053%Y

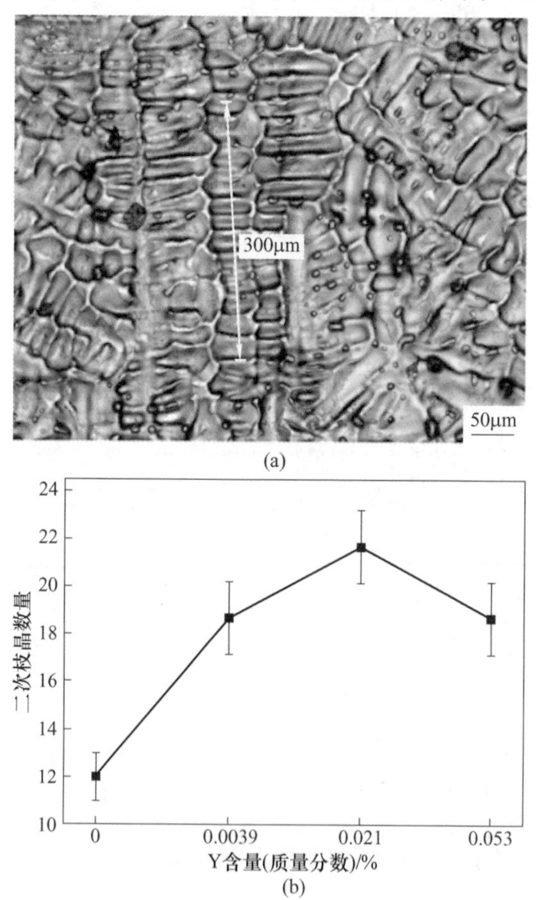

(b)

图 4-2　B10 合金铸态组织二次枝晶数量统计结果

（a）枝晶间距统计方法示意图；（b）二次枝晶数量

布，为枝晶形核提供足够的形核点，加速枝晶的形成，同时由于枝晶界面间的相互阻碍，限制了枝晶臂的粗化，因此，添加稀土Y使得二次枝晶间距得到细化。当稀土Y含量较高时，枝晶的择优生长现象与稀土化合物的数量、尺寸及分布密集度有关，过多的稀土化合物形成并密集分布，很大程度上阻碍了枝晶界面的运动，使枝晶沿择优方向生长，呈有序化分布。

4.1.2 稀土夹杂物分析

将铸态B10合金在1050℃保温3h进行均匀化退火，以消除铸态组织中的枝晶偏析，以便分析稀土Y在合金中的存在形态及稀土Y对均匀化退火态晶粒尺寸的影响。图4-3所示为不同稀土Y含量的合金中夹杂物的形态与分布，未添加稀土Y的S1合金中，基体上分布有大量非常细小的粒状夹杂物，还观察到诸多夹杂物颗粒分布于晶界处，钉扎晶界，如图4-3（a）中箭头所标示。添加极微量（0.0039%）的稀土Y，对基体中的夹杂物有净化作用，如图4-3（b）所示，合金中的细小夹杂物颗粒明显减少，反而出现椭球状稀土夹杂物颗粒，但仍有部分粒状夹杂物分布于晶界处，钉扎晶界。当稀土Y含量为0.021%时，如图4-3（c）所示，基体上的细小粒状夹杂物被完全净化，稀土夹杂物数量明显增加且弥散分布于晶内。当稀土Y含量增加至0.053%时，如图4-3（d）所示，稀土夹杂物的数量和尺寸进一步增大，密集分布于基体上。整体来看，随着稀土Y含量的增加，原基体上呈粒状分布的细小夹杂物颗粒逐渐被净化，稀土夹杂物的数量和尺寸逐渐增加。观察到合金中存在两种形貌的夹杂物，一种是三角状碳化物或其他杂质，如图4-3（e）中箭头所标示；一种呈椭球形，如图4-3（f）中箭头所标示。利用EPMA面扫分析这种椭球形夹杂物，结果如图4-4所示，这种夹杂物是稀土与氧、硫元素结合形成的RE-O-S夹杂物。

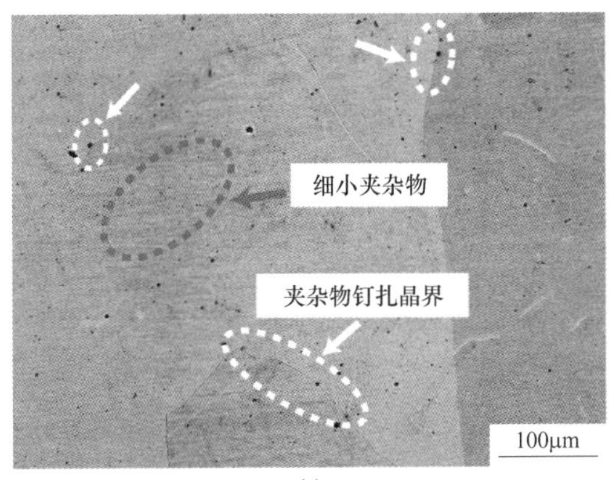

(a)

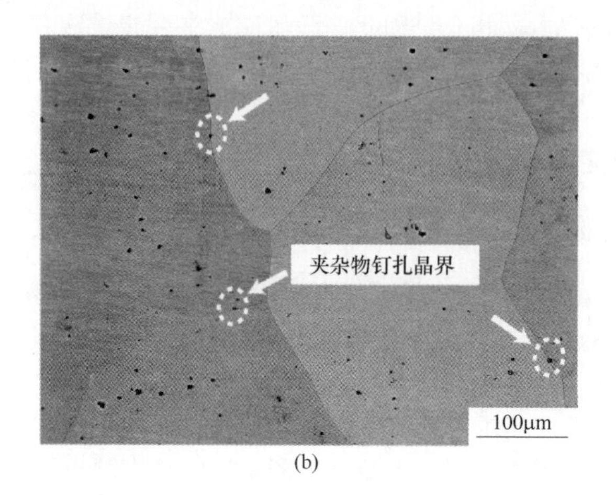

(b)

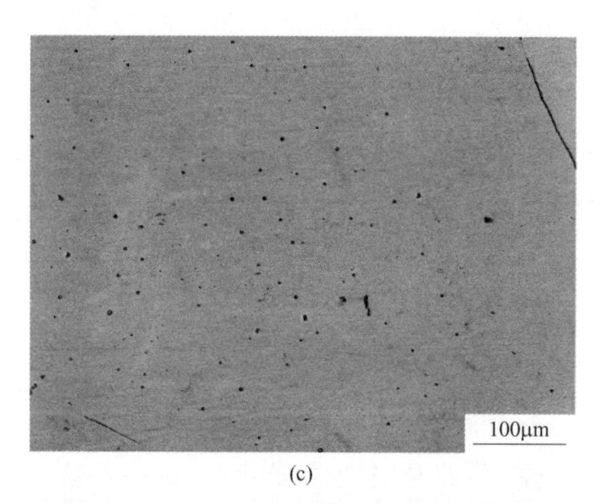

(c)

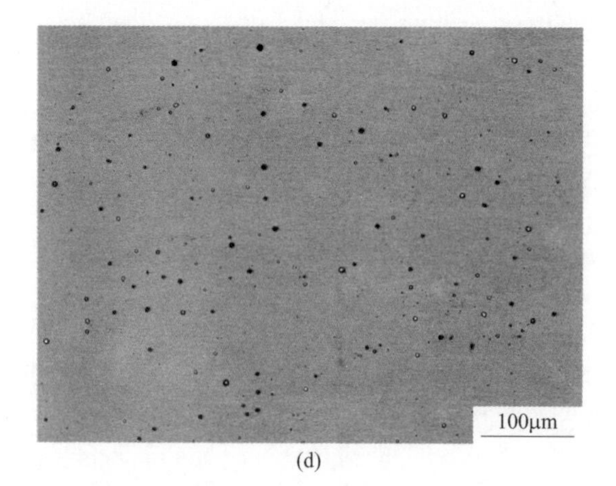

(d)

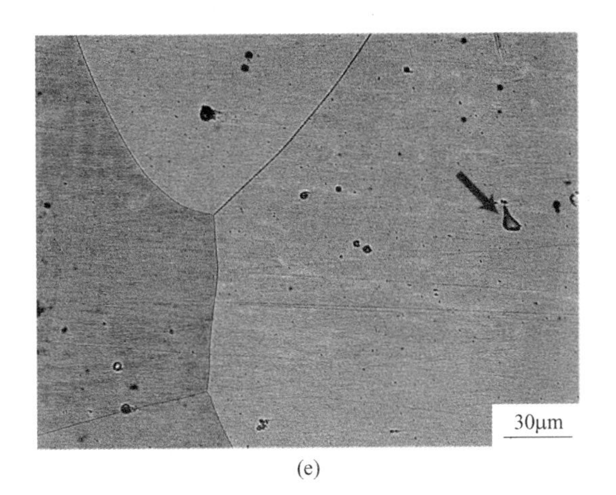

(e)

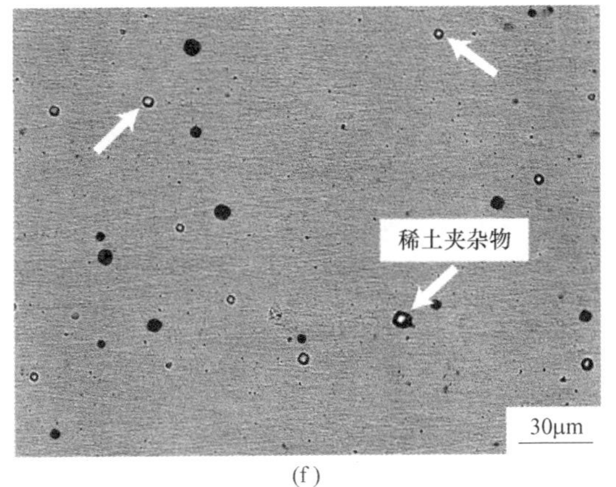

(f)

扫一扫看更清楚

图 4-3 铸态 B10 合金中夹杂物的形态与分布

(a) S1：0%Y；(b) S2：0.0039%Y；(c) S3：0.021%Y；(d) S4：0.053%Y；
(e) 碳化物形貌；(f) 稀土夹杂物形貌

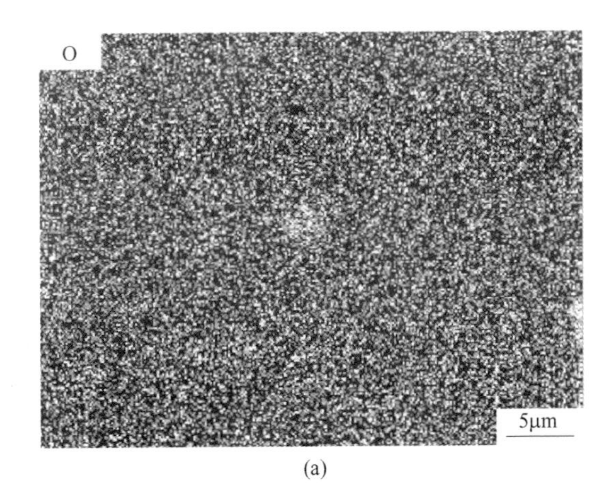

(a)

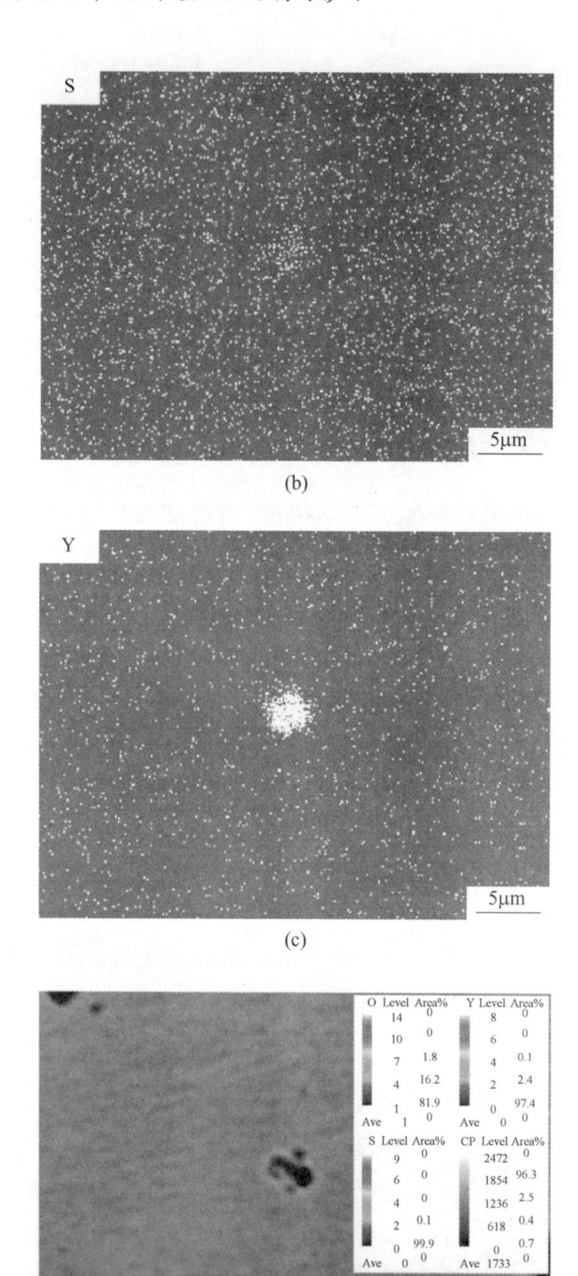

(b)

(c)

(d)

图 4-4　B10 合金中稀土夹杂物面扫结果

（a）氧元素分布；（b）S 元素分布；（c）Y 元素分布；（d）稀土夹杂物形貌

4.1.3　均匀化退火态 B10 合金的金相分析

图 4-5 所示为合金的均匀化退火态金相组织，铸态的枝晶偏析完全被消除，组织呈等轴状，但晶粒大小不均匀，不同稀土 Y 含量的合金晶粒大小差异明显，添加稀土 Y 的合金的晶粒尺寸明显大于未添加稀土 Y 的合金。为探讨稀土 Y 对 B10 合金均匀化退火态组织大小及均匀性的影响，利用 Image-Pro 软件统计了合金均匀化退火态组织的平均晶粒尺寸（晶粒个数大于 200），结果如图 4-6 所示，S1～S4 样品的平均晶粒尺寸分别为 212μm，281μm，445μm，394μm，由平均晶粒尺寸的变化规律可知，随着稀土 Y 含量的增加，均匀化退火态的平均晶粒尺寸先增大后略有下降。值得注意的是，S3 样品的平均晶粒尺寸标准差最小，即组织相对更均匀。晶粒大小与组织均匀性及合金的耐蚀性能密切相关，若合金的晶粒尺寸大且均匀性好，则合金的耐蚀性能优越。

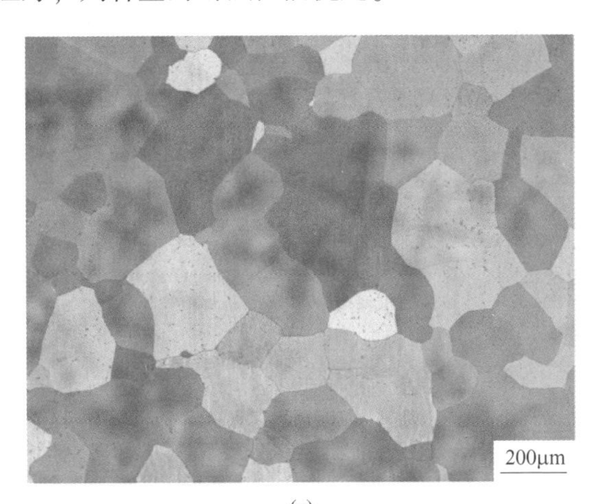

(a)

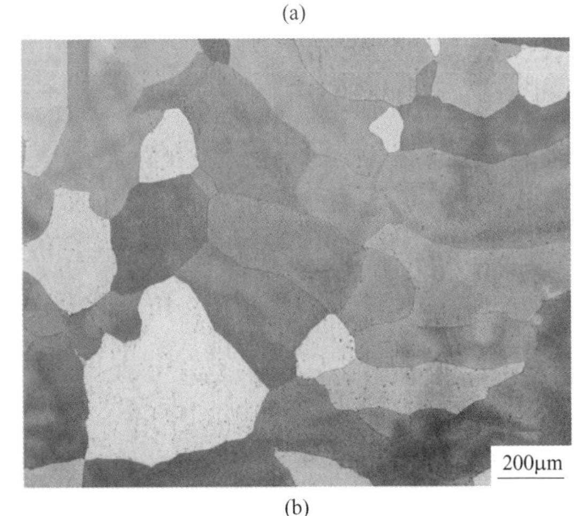

(b)

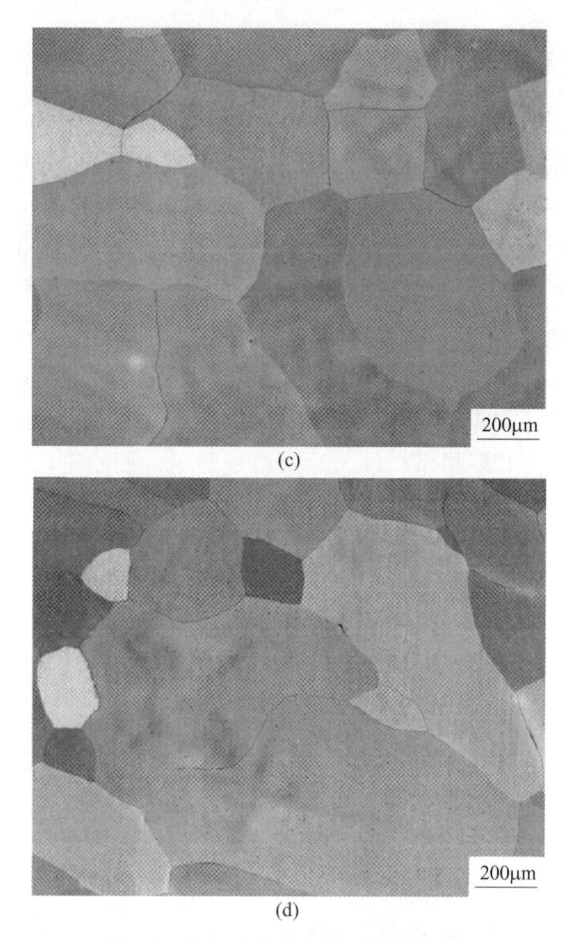

图 4-5　B10 合金均匀化退火态组织

(a) S1：0%Y；(b) S2：0.0039%Y；(c) S3：0.021%Y；(d) S4：0.053%Y

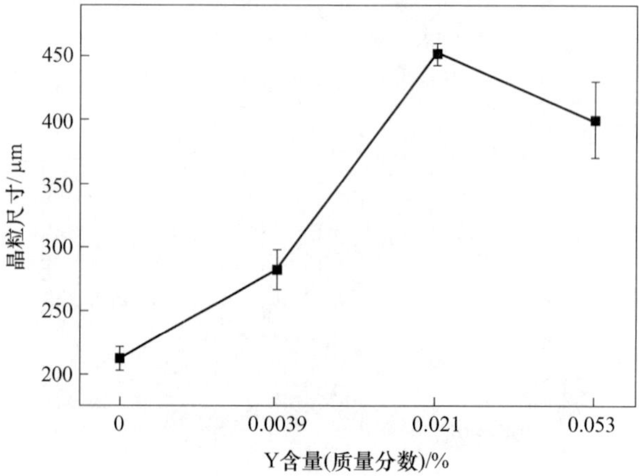

晶粒尺寸/μm
450
400
350
300
250
200
0　0.0039　0.021　0.053
Y含量(质量分数)/%

图 4-6　B10 合金均匀化退火态晶粒尺寸统计

均匀化退火态晶粒尺寸随稀土Y含量的变化规律受合金中夹杂物尺寸和分布的影响，图4-7描述了随稀土Y含量变化，夹杂物与晶界的相互作用变化过程。图4-7（a）中，无稀土Y的S1合金中细小的夹杂物颗粒钉扎晶界，起到阻碍晶粒长大的作用，因此S1合金的晶粒尺寸较细小；对于稀土Y含量为0.0039%的S2合金，稀土Y的作用主要体现在净化基体，但由于稀土Y含量极低，对夹杂

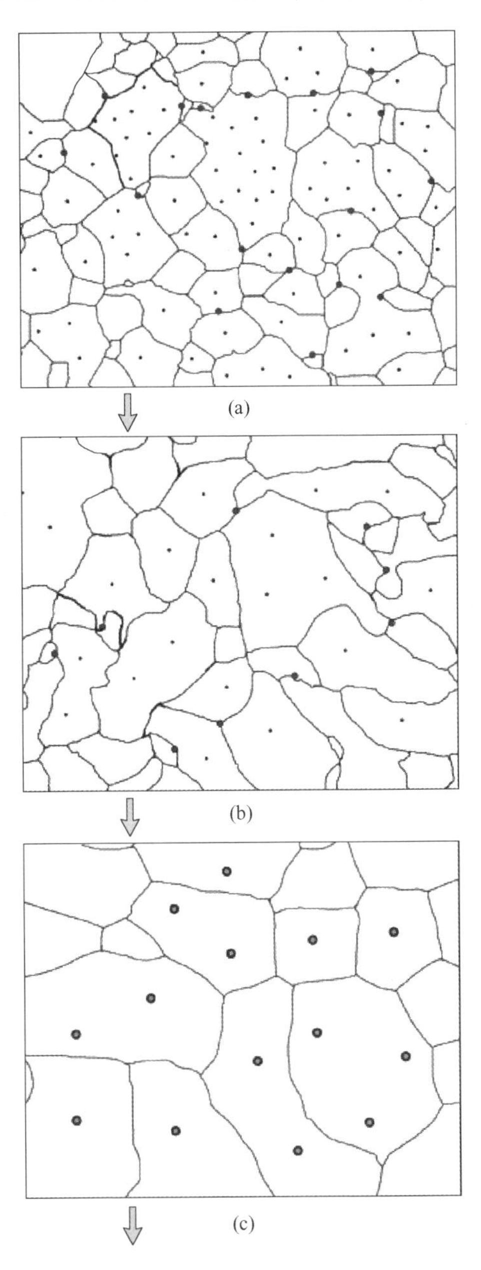

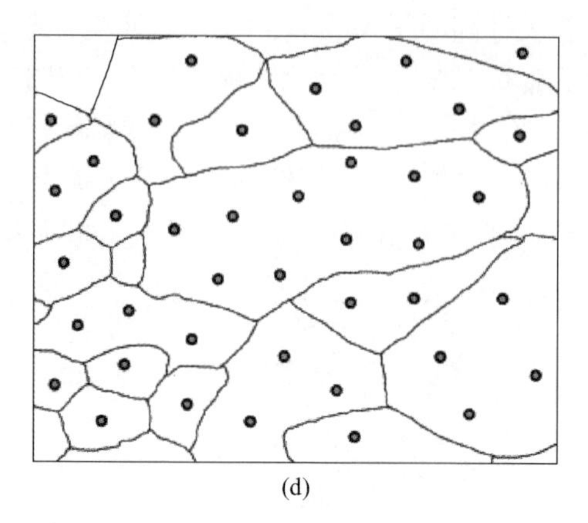

(d)

图 4-7　稀土 Y 对均匀化退火态晶粒尺寸的影响过程示意图

（a）S1：0%Y；（b）S2：0.0039%Y；（c）S3：0.021%Y；（d）S4：0.053%Y

物的净化不完全，仍有部分夹杂物颗粒位于晶界处钉扎晶界，但阻碍晶界运动的能力相较于 S1 合金被弱化，因此 S2 合金的晶粒尺寸略大于 S1 合金；当稀土 Y 含量为 0.021%时，对基体中夹杂物的净化作用明显，除了部分作为熔渣除去，还有细小的稀土化合物位于合金基体上，但分布较分散，对晶界运动的阻碍作用小，晶粒长大占绝对优势，组织中甚至有柱状晶出现；当稀土 Y 含量进一步增加至 0.053%时，分布于基体上的稀土化合物明显增多，作为异质形核的核心，使柱状晶逐渐向等轴晶过渡，因此，S4 合金的晶粒尺寸相较于 S3 合金有所减小。

4.2　钇微合金化对 B10 合金最终退火态组织的影响

对 B10 合金铸锭进行热轧变形、冷轧变形及最终退火后，获得了再结晶组织，从晶粒尺寸、再结晶程度、特殊晶界比例、稀土夹杂物等方面分析了稀土 Y 对合金最终退火态组织及晶界特征的影响。

4.2.1　最终退火态组织特征分析

图 4-8 所示为合金退火态的金相组织照片，由图 4-8 可以看出，合金的组织为完全再结晶组织，晶粒细小均匀，不同稀土含量合金金相组织的差异主要表现在退火孪晶比例和夹杂物分布方面。首先，观察到合金组织的晶粒内部存在大量退火孪晶，如图 4-8（c）中箭头所标，不同稀土 Y 含量合金的晶粒大小和孪晶比例存在差异，晶粒尺寸相对较大的 S3 和 S4 合金的晶内孪晶数量也较多；另外，从金相组织中也可以看到夹杂物随稀土 Y 含量的变化情况，S1 和 S2 合金中几乎看不到夹杂物颗粒的分布，这是因为铸态中观察到的气孔、缩孔等缺陷在后续变形过程中得到改善，杂质元素也发生了再分布，而 S3 和 S4 合金中可明显看

到夹杂物颗粒分布在晶界处或晶粒内部，这些夹杂物颗粒是稀土与合金元素或杂质元素形成的第二相或稀土夹杂物。

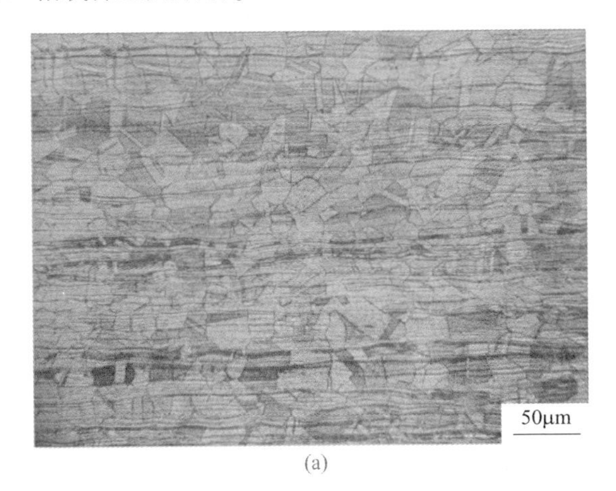

(a)

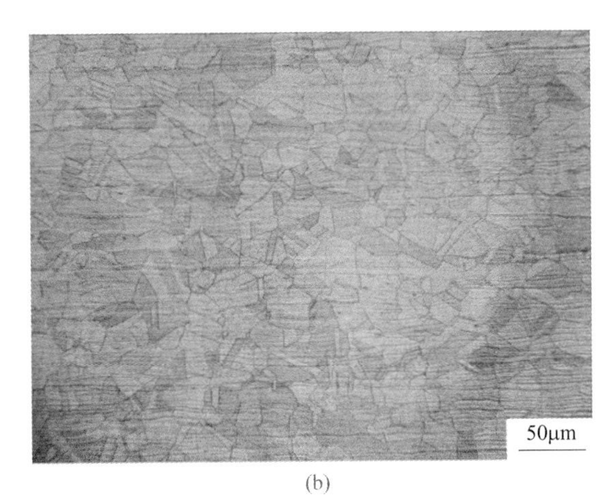

(b)

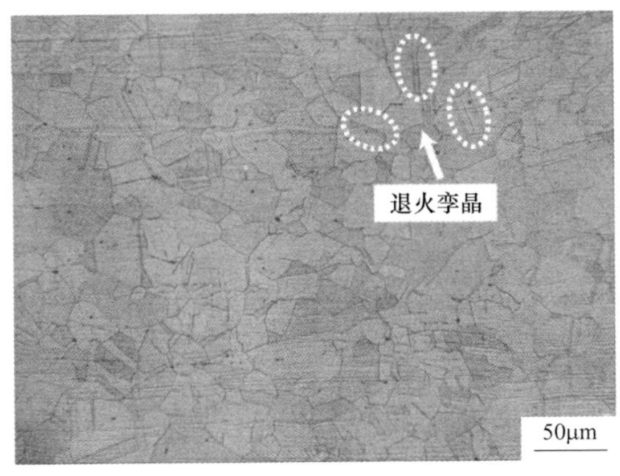

(c)

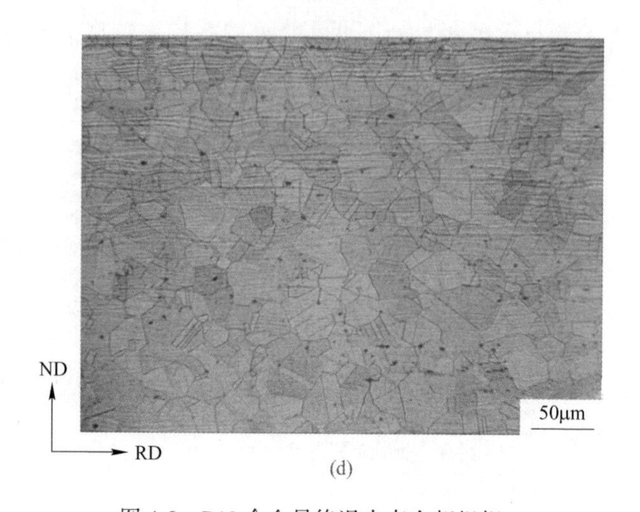

(d)

图 4-8　B10 合金最终退火态金相组织

（a）S1：0%Y；（b）S2：0.0039%Y；（c）S3：0.021%Y；（d）S4：0.053%Y

4.2.2　最终退火态晶界特征分析

从合金的金相组织中观察到大量的退火孪晶，为研究稀土 Y 对合金晶界特征的影响，对不同稀土 Y 含量合金的晶粒取向分布、晶界特征分布、取向差分布进行分析。图 4-9 所示为不同稀土 Y 含量合金的晶粒取向分布图，由图 4-9 可知，IPF 图的颜色码随机分布，无明显择优取向，这主要是由于经形变热处理后，合金组织中形成大量的退火孪晶，且孪晶界的迁移使晶粒取向逐渐趋于均匀分布，因此合金组织中无明显织构。图 4-9 还可以反映出，不同稀土 Y 含量的合金经形变热处理后，再结晶组织的晶粒大小有差异，随稀土 Y 含量增加，合金的晶粒尺寸有增大趋势，稀土 Y 含量较高的 S3 和 S4 合金晶粒尺寸更大，且 S3 合金的组织相较而言更均匀，与金相观察的结果一致。

(a)

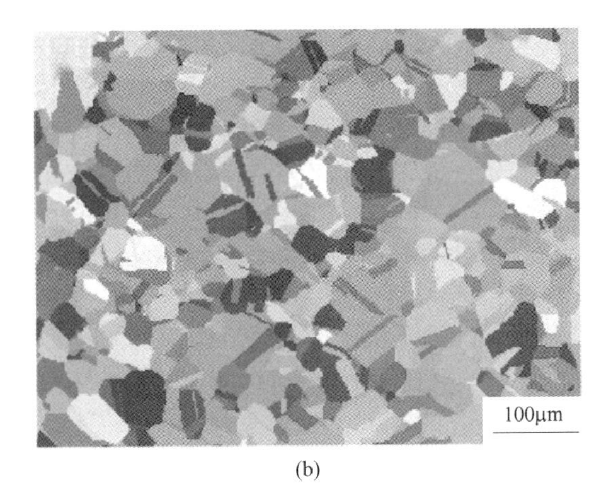

(b)

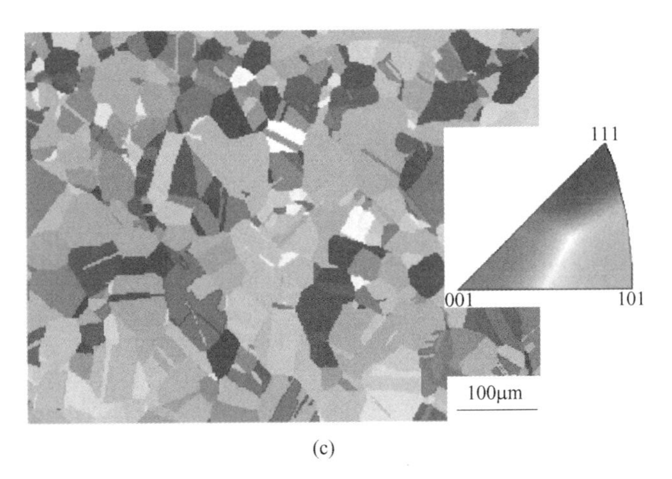

(c)

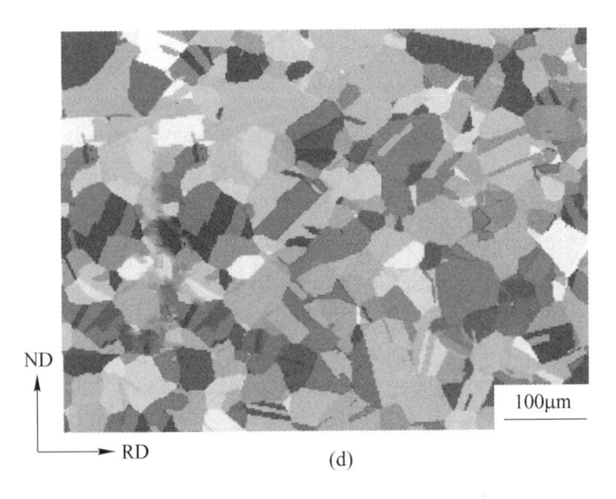

(d)

扫一扫看更清楚

图 4-9 B10 合金最终退火态晶粒取向分布（IPF）图

（a）S1：0%Y；（b）S2：0.0039%Y；（c）S3：0.021%Y；（d）S4：0.053%Y

图 4-10 为不同稀土 Y 含量合金的晶界结构图，黑色表示随机晶界，低 ΣCSL 晶界主要分为 Σ3、Σ9、Σ27 三种，分别用绿色、粉色、红色表示，用蓝色表示其他的低 ΣCSL 晶界。由图可知，无稀土 Y 的 S1 合金和稀土 Y 含量极低的 S2 合金中，晶粒尺寸较细小，黑色的一般大角度晶界较多，且孪晶界等特殊晶界多数分布在晶内，没有起到打断一般大角度晶界连通性的作用，即对晶界特征分布的优化效果较差；稀土 Y 含量较高的 S3 和 S4 合金中，晶粒尺寸较大，低 ΣCSL 晶界占比较高，除了分布于晶内的孪晶界，还有部分孪晶界分布于一般大角度晶界处，打断了一般大角度晶界间的相互连通，甚至形成了较大的晶粒团簇（边界由一般大角度晶界组成，内部含有大量特殊晶界），如图 4-10（c）和图 4-10（d）中阴影区域所示，这些晶粒团簇的形成是添加适量稀土 Y 能优化合金晶界特征的有力证据。从提高合金耐蚀性能的角度，这些晶粒团簇由于有序度高，界面能低，能有效提高合金的抗晶间腐蚀性能。因此，稀土 Y 的添加，一方面提高了合金中特殊晶界的比例，满足了优化晶界结构的前提条件；另一方面促进了大尺寸晶粒团簇的形成，提高了优化晶界结构的效率，从优化晶界结构方面起到提高合金耐蚀性能的作用。

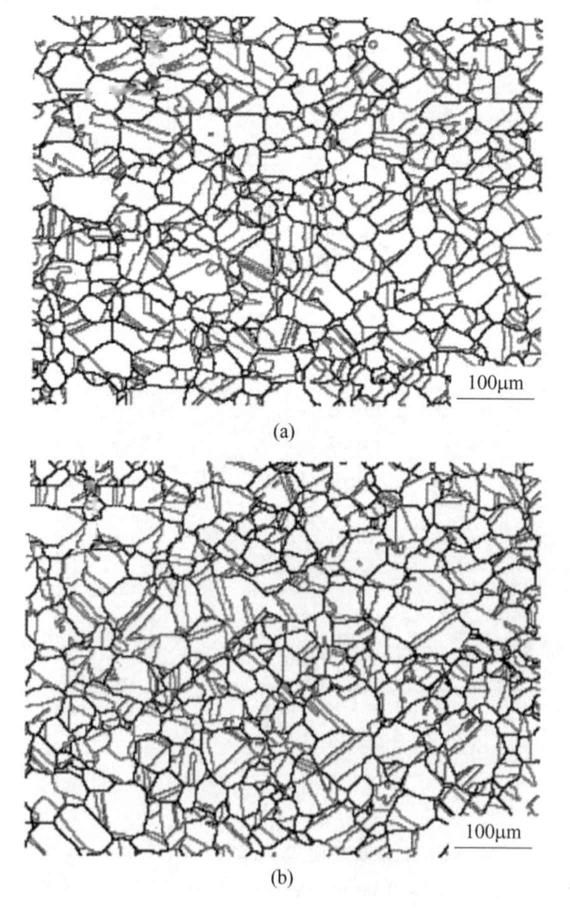

(a)

(b)

扫一扫看更清楚

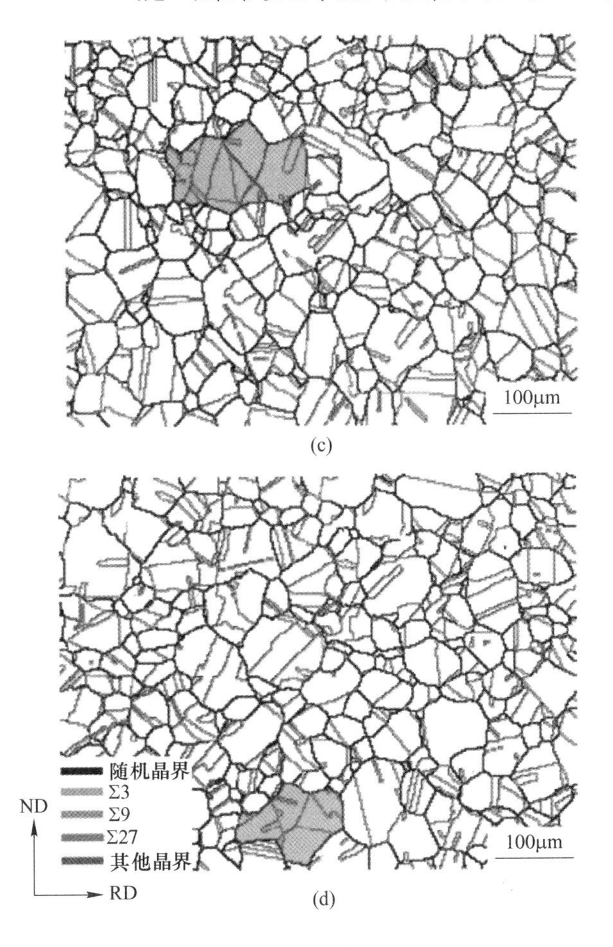

图 4-10　B10合金最终退火态晶界结构图

(a) S1：0%Y；(b) S2：0.0039%Y；(c) S3：0.021%Y；(d) S4：0.053%Y

为进一步分析不同稀土Y含量对合金特殊晶界的影响，统计了合金中各类型特殊晶界的比例，如图4-11所示，低ΣCSL晶界中，Σ3晶界占比最高，即合金中的特殊晶界以退火孪晶界为主。不同稀土Y含量的合金中，无稀土Y的S1合金Σ3晶界比例最低，为40.9%；添加稀土Y后，Σ3晶界比例明显增加，稀土Y含量为0.021%时，Σ3晶界所占比例最高，为51.5%，比无稀土Y的增加了10%，稀土Y含量增加至0.053%时，Σ3晶界的比例又降低至50.3%，随稀土Y含量的增加，孪晶界比例先增大后略有降低。除Σ3晶界外，Σ9和Σ27晶界比例随稀土Y含量的变化也是先增大后有所降低，说明稀土Y促进了高阶孪晶反应的发生。从Σ3、Σ9和Σ27晶界比例的变化规律可知，稀土Y的添加既提高了特殊晶界比例，又促进了多重孪晶反应的发生，满足了晶界特征分布优化的条件，这也映证了图4-10中大尺寸晶粒团簇的形成。

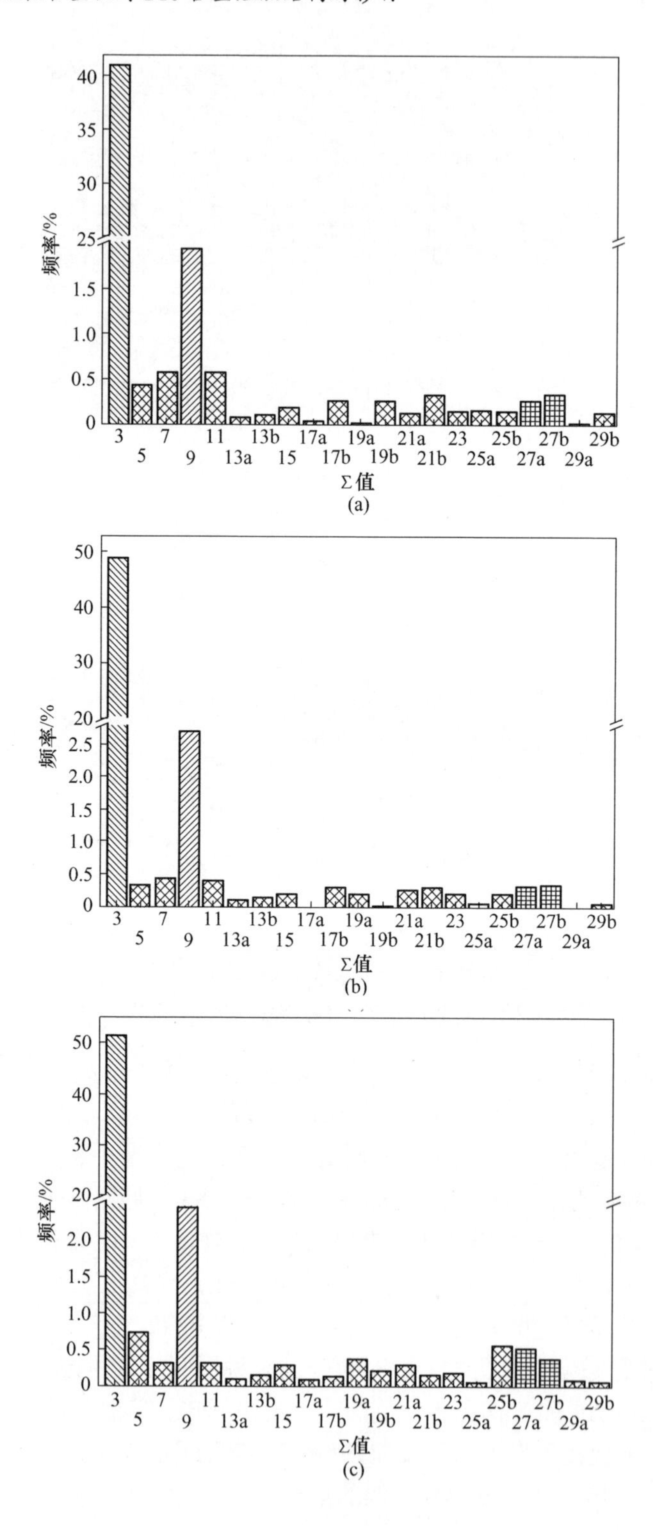

频率/%
Σ值
3
5
7
9
11
13a
13b
15
17a
17b
19a
19b
21a
21b
23
25a
25b
27a
27b
29a
29b

(a)

(b)

(c)

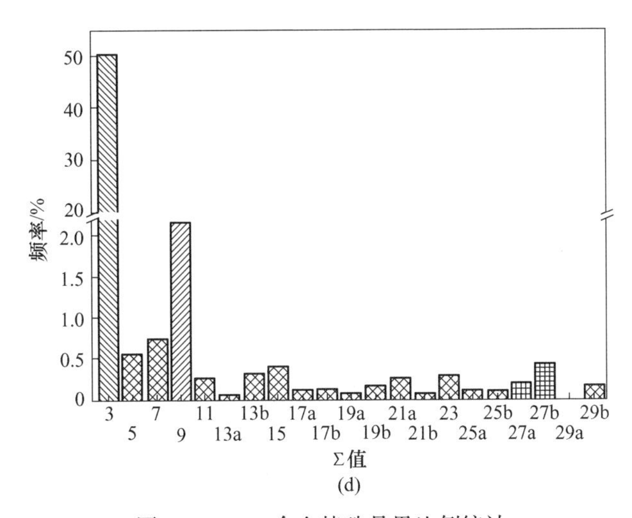

图4-11 B10合金特殊晶界比例统计

(a) S1：0%Y；(b) S2：0.0039%Y；(c) S3：0.021%Y；(d) S4：0.053%Y

图4-12所示为晶粒尺寸与低Σ晶界比例随稀土含量的变化规律，随稀土Y含量增加，晶粒尺寸和低Σ晶界比例都是先增大后略有降低，在稀土Y含量为0.021%时，晶粒尺寸最大，低Σ晶界比例最高为58.8%，而低Σ晶界中以Σ3晶界为主。若考虑孪晶，则晶粒尺寸随稀土Y含量的变化甚微，最小为17.8μm，最大为20.7μm；不考虑孪晶时，S3和S4合金的晶粒尺寸明显增大。特殊晶界比例与晶粒尺寸具有相关性，即晶粒尺寸大，相应的低Σ晶界和Σ3晶界比例就高，说明在大晶粒内部更容易形成退火孪晶，这是因为晶粒尺寸大有利于发生多重孪晶反应。除此之外，合金中孪晶比例的高低与稀土Y对合金层错能的影响有关，层错能越低，越有利于形成退火孪晶，说明稀土Y有降低合金层错能的作用。关于稀土Y对合金层错能的影响在本章下一节会做详细论述。

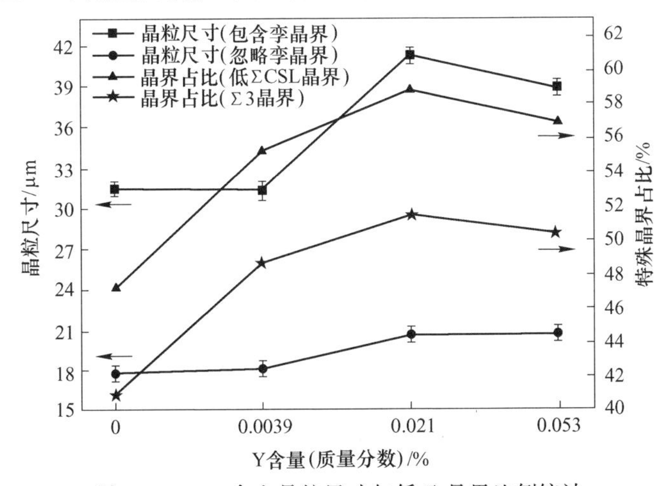

图4-12 B10合金晶粒尺寸与低Σ晶界比例统计

图 4-13 所示为不同稀土 Y 含量合金的取向差分布，取向差在 2°～15°的是小角度晶界，小于 2°是晶粒亚结构，大于 15°的是大角度晶界，其中，60°所对应的位置为 Σ3 退火孪晶界，38. 5°为 Σ9 晶界。由图 4-13 可知，各样品的晶界均以大角度晶界为主，所占比例分别为 83. 6%、93. 9%、96. 7%、96. 6%，其中孪晶界占比最高。值得注意的是，无稀土 Y 与含稀土 Y 的合金相比，大角度晶界的比例明显较低的原因是亚晶所占比例较高，并不是小角度晶界的比例高造成的，因为各样品的小角度晶界比例相差甚微（1%左右），这一结果表明，稀土 Y 含量对合金中小角度晶界的影响不明显，但各合金中孪晶界（60°）的比例差异明显，说明稀土 Y 会对小角度晶界向大角度晶界的转变类型产生影响，在退火过程中，一部分小角度晶界转变为一般大角度晶界，另一部分转变为 Σ3 退火孪晶界，显然，添加稀土 Y 后，小角度晶界的转变类型以第二种为主，即转变为 Σ3 退火孪晶界。

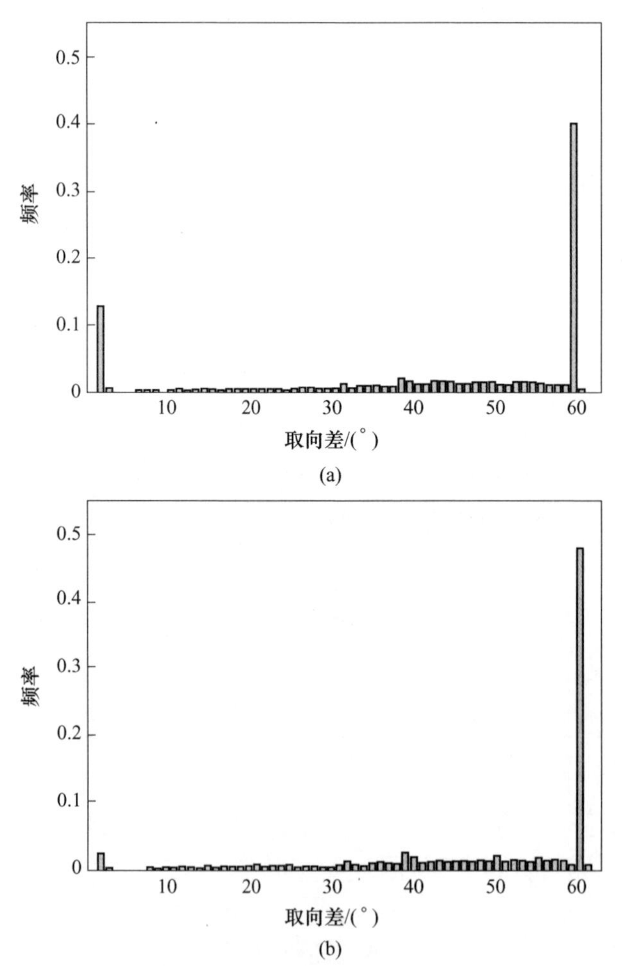

(a)

(b)

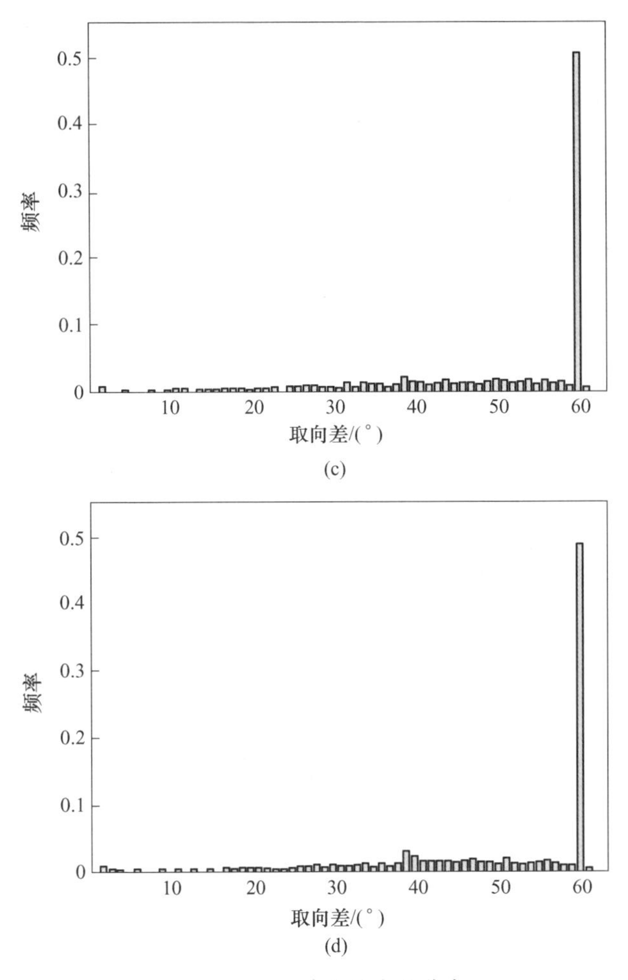

图 4-13 B10 合金取向差分布

(a) S1：0%Y；(b) S2：0.0039%Y；(c) S3：0.021%Y；(d) S4：0.053%Y

4.2.3 最终退火态稀土夹杂物分析

在图 4-8 所示的合金最终退火态金相组织中，观察到稀土 Y 含量较高的 S3 和 S4 合金中，有夹杂物颗粒分布在合金基体上，因此对合金最终退火态的稀土化合物形态与分布进行表征，并与铸态的稀土化合物进行对比，分析合金中的稀土化合物经过形变热处理后形态与分布的变化，并分析其对合金组织和性能的影响。

图 4-14 所示为合金最终退火态的夹杂物形态与分布，图 4-14（a）~图 4-14（d）显示，随着稀土 Y 含量的增加，分布于基体上的夹杂物数量逐渐增多，稀

土 Y 含量较高的 S3 和 S4 合金中的夹杂物较多且分布弥散均匀，夹杂物尺寸从纳米级增大至亚微米级。图 4-14（e）所示为 S2 合金中夹杂物的分布情况，与铸态不同的是，稀土 Y 在 S2 合金中的作用除了净化基体，还形成了部分稀土夹杂物，且这些夹杂物沿着轧制方向呈链状分布（图 4-14（e）中红色箭头所示）。图 4-14（f）是 S3 合金中夹杂物的形貌与分布位置，显示了两种夹杂物形貌，蓝色箭头所标的三角状夹杂物为碳化物或其他杂质，白色箭头所标的球状夹杂物为稀土氧硫夹杂物，且这些夹杂物多数分布在晶界处或孪晶界附近。S2 合金中呈链状分布的细小夹杂物在退火过程中更容易阻碍大角度晶界的迁移，不利于退火孪晶和大尺寸晶粒团簇的形成，而 S3 和 S4 合金中均匀分布的夹杂物容易阻碍变形过程中位错的运动，这有利于诱导晶内退火孪晶在夹杂物附近形成，表现在组织上即为孪晶比例升高。

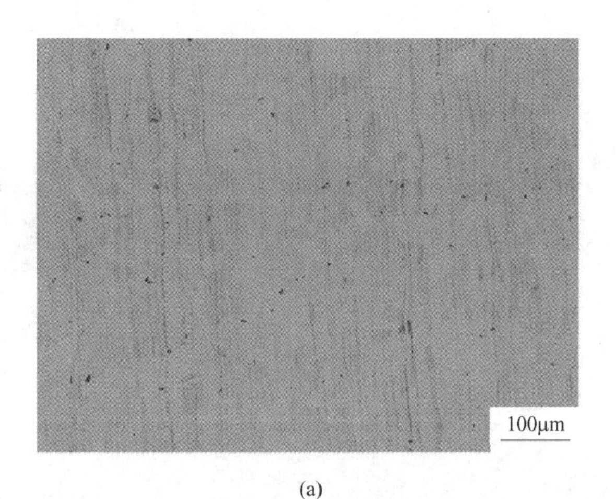

(a)

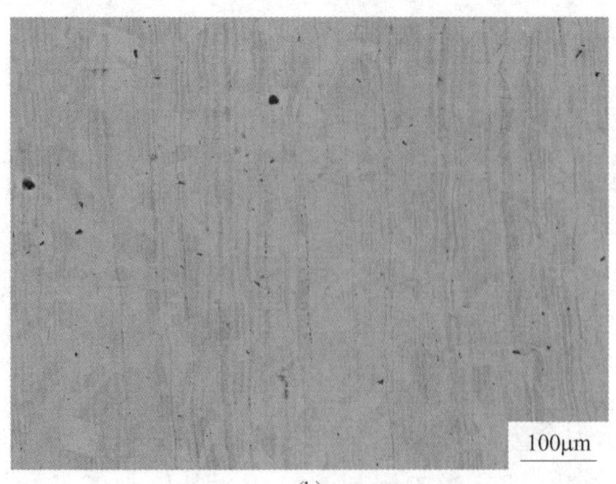

(b)

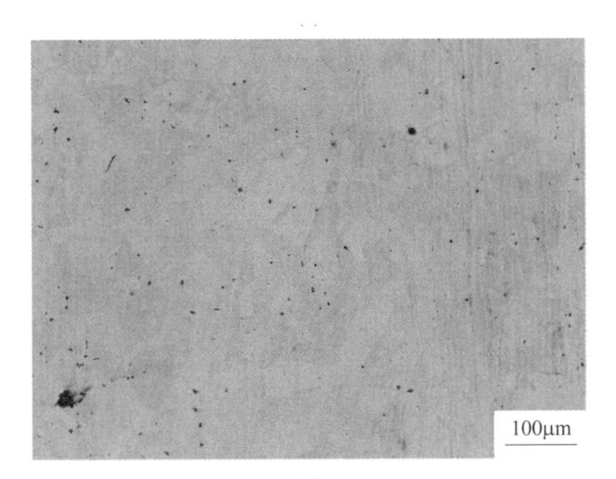

(c)

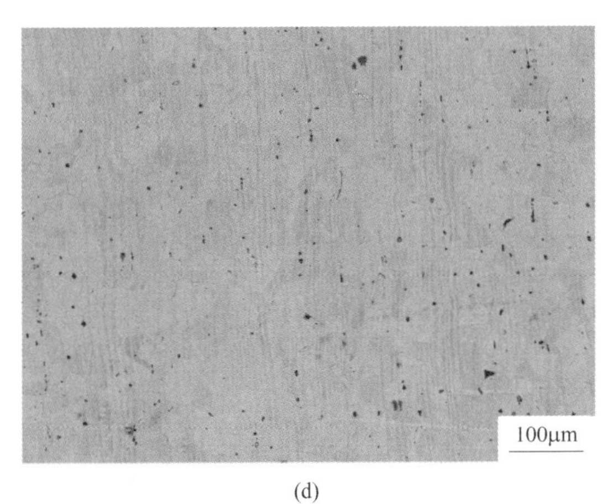

(d)

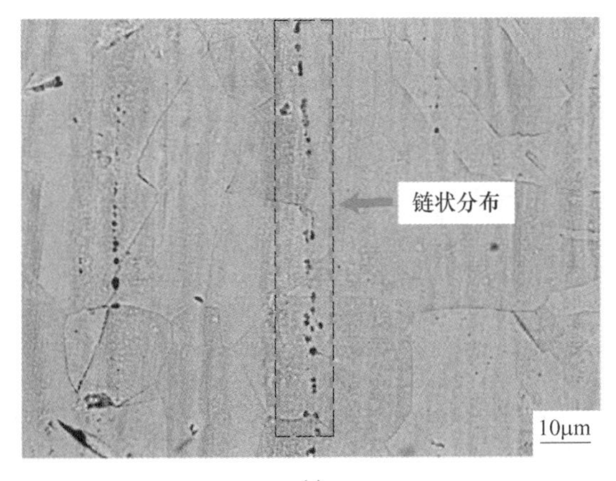

(e)

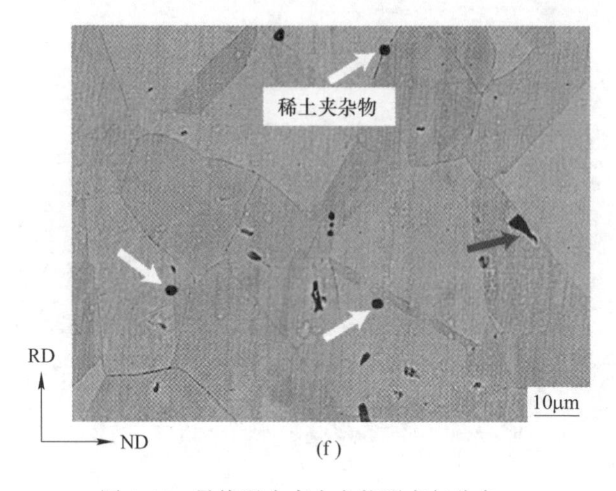

(f)

扫一扫看更清楚

图4-14　最终退火态夹杂物形态与分布
(a) S1：0%Y；(b) S2：0.0039%Y；(c) S3：0.021%Y；
(d) S4：0.053%Y；(e) S2合金中链状分布的夹杂物；(f) S3合金中的夹杂物形貌

利用俄歇电子能谱分析图4-14 (f) 中所示的稀土夹杂物的成分，结果如图4-15所示，这种夹杂物主要是由钇与氧、硫元素结合形成的RE-O-S复合夹杂物。

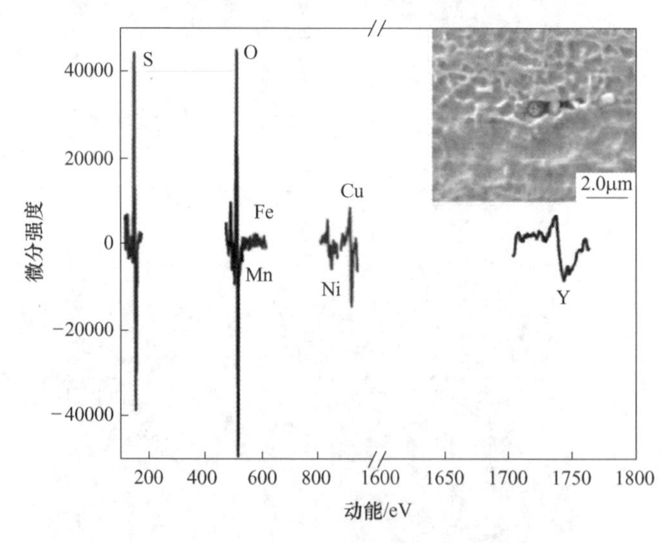

图4-15　S4合金中稀土夹杂物的俄歇电子能谱

4.3　钇微合金化对B10合金层错几率的影响

B10合金为中低层错能合金，在变形和退火过程中，除了会形成上述退火孪晶之外，还会形成层错，合金层错能的高低对形变热处理工艺诱发合金中非共格Σ3晶界的形成及迁移过程有重要影响。根据不同稀土Y含量合金的晶界特征分布差异，稀土Y可能会影响合金的层错能，但涉及稀土元素的层错能的计算难度较大，因此通过计算合金的层错几率来间接反映稀土Y对合金层错能的影响。本书中计算了一次冷轧态和最终退火态样品的层错几率，分别用以反映形变层错和孪生层错几率。

本书采用XRD峰宽化法计算合金层错几率，第1章中已对该计算方法进行了详细论述。根据式（1-1）和式（1-2），需要（111）和（200）衍射峰的相关参数，因此，观察XRD衍射图谱中（111）与（200）峰形随稀土Y含量的变化，图4-16所示为一次冷轧态样品的XRD衍射图谱，由图4-16可知，添加稀土Y后，（111）峰和（200）峰有较明显的宽化现象，随稀土Y含量增加，峰形的宽化量逐渐增大，表明稀土Y添加造成了XRD衍射峰的宽化。当然，影响XRD峰形宽化的因素有很多（见图1-6），不一定是层错差异造成的。为进一步分析不同稀土Y含量合金一次冷轧态的层错几率变化规律，利用XRD数据及表1-1中所示第一种积分宽度关系式，计算了合金的层错几率，相关参数及计算结果见表4-1，添加稀土Y后，合金一次冷轧态的层错几率增幅较明显，随稀土Y含量增加，层错几率P_{sf}先增大后略有降低，稀土Y含量为0.021%时，层错几率最大，层错能与层错几率呈反比关系，故而，添加稀土Y明显降低了合金一次冷轧态的层错能，随稀土Y含量的增加，层错能先降低后有所上升。

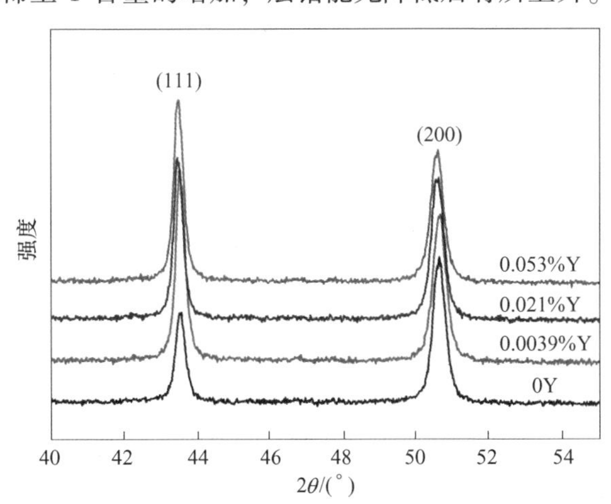

图4-16 一次冷轧态样品的XRD衍射图谱

表4-1 一次冷轧态层错几率计算结果

试样	*hkl*	$2\theta/(°)$	$B_0/(°)$	$b_0/(°)$	β_0/nm	*a*/nm	D_{eff}/nm	$P_{sf}/\times10^{-3}$
S1	111	43.512	0.306	0.05	0.256	0.3600	37.15	3.835
	200	50.594	0.372	0.05	0.322	0.3605	30.34	

续表 4-1

试样	hkl	$2\theta/(°)$	$B_0/(°)$	$b_0/(°)$	β_0/nm	a/nm	$D_{\mathrm{eff}}/\mathrm{nm}$	$P_{\mathrm{sf}}/\times10^{-3}$
S2	111	43. 512	0. 276	0. 05	0. 226	0. 3600	42. 09	6. 158
	200	50. 634	0. 377	0. 05	0. 327	0. 3603	29. 89	
S3	111	43. 470	0. 272	0. 05	0. 222	0. 3603	42. 84	7. 802
	200	50. 553	0. 398	0. 05	0. 348	0. 3611	28. 07	
S4	111	43. 471	0. 272	0. 05	0. 222	0. 3602	42. 84	7. 216
	200	50. 553	0. 389	0. 05	0. 339	0. 3608	28. 82	

注：2θ 为衍射角；B_0 为峰形宽度；b_0 为工具线宽；β_0 为物理宽度；a 为点阵常数；D_{eff} 为相应晶面法向有效亚晶尺寸。

图 4-17 所示为合金最终退火态样品的 XRD 衍射图谱，同样发现添加稀土 Y 使得合金的（111）和（200）衍射峰发生宽化，但与一次冷轧态相比，最终退火态衍射峰的峰宽明显更窄，这在一定程度上能表明最终退火态的层错几率是小于一次冷轧态的。表 4-2 是 XRD 峰宽化法计算的合金最终退火态层错几率的计算结果，表明添加稀土 Y 后，合金最终退火态的层错几率也得到提高，随稀土 Y 含量的增加先增大后略有减小，但增幅小于一次冷轧态。这与不同状态的样品中层错的形成与转变有关。

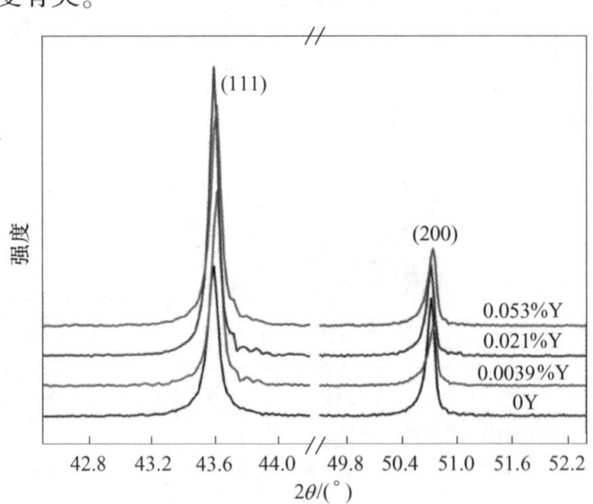

图 4-17　最终退火态样品的 XRD 衍射图谱

表 4-2　最终退火态层错几率计算结果

试样	hkl	$2\theta/(°)$	$B_0/(°)$	$b_0/(°)$	β_0/nm	a/nm	$D_{\mathrm{eff}}/\mathrm{nm}$	$P_{\mathrm{sf}}/\times10^{-3}$
S1	111	43. 594	0. 137	0. 05	0. 087	0. 3593	109. 36	0. 688
	200	50. 717	0. 150	0. 05	0. 1	0. 3597	97. 76	

续表 4-2

试样	*hkl*	2θ/(°)	B_0/(°)	b_0/(°)	β_0/nm	a/nm	D_{eff}/nm	P_{sf}/$\times10^{-3}$
S2	111	43.615	0.153	0.05	0.103	0.3591	92.38	1.177
	200	50.737	0.174	0.05	0.124	0.3596	78.84	
S3	111	43.595	0.120	0.05	0.070	0.3593	135.92	2.338
	200	50.716	0.158	0.05	0.108	0.3597	90.52	
S4	111	43.613	0.129	0.05	0.079	0.3592	120.44	1.673
	200	50.736	0.157	0.05	0.107	0.3596	91.37	

注：2θ 为衍射角；B_0 为峰形宽度；b_0 为工具线宽；β_0 为物理宽度；a 为点阵常数；D_{eff} 为相应晶面法向有效亚晶尺寸。

层错几率的大小与合金中特殊晶界比例的高低相关，即层错几率越大，层错能越低，越有利于诱发 Σ3 晶界的形成与迁移，因此，统计分析了层错几率与低 ΣCSL 晶界比例之间的关联性，如图 4-18 所示，根据图 4-18 中反映的信息，一次冷轧态样品的层错几率明显大于最终退火态，这主要是由于一次冷轧态样品是经过大变形量轧制的，更容易在变形过程中形成形变层错，而在最终退火过程中，这些形变层错逐渐转变为孪晶的形核点，促进孪晶的形成，故而最终退火态层错几率降低。另外，低 ΣCSL 晶界比例与层错几率随 Y 含量的变化规律一致，这说明稀土 Y 降低了合金的层错能，使合金中出现层错的几率增大，在退火过程中，一方面有利于孪生层错的形成，表现在组织上即为退火孪晶比例升高，另一方面形变层错促进孪晶形核，使得孪晶比例增加。

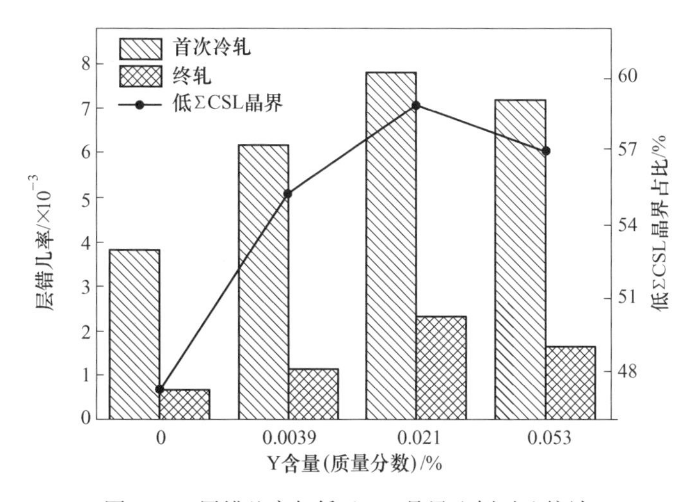

图 4-18 层错几率与低 ΣCSL 晶界比例对比统计

4.4　钇优化晶界特征的微观机理分析

稀土 Y 添加对 B10 合金的晶界特征有显著的优化作用，本节主要通过分析稀土第二相、位错、孪晶及层错等微观结构，来阐述稀土 Y 优化晶界特征的微观机理。

除了前面所述稀土夹杂物外，在合金中还发现了稀土第二相的存在，如图 4-19（a）所示，利用 TEM 观察到形貌有别于夹杂物的椭球状颗粒，尺寸约为 300~500nm。在蓝色圆点标注处做 EDS 能谱分析，结果如图 4-19（b）所示，这

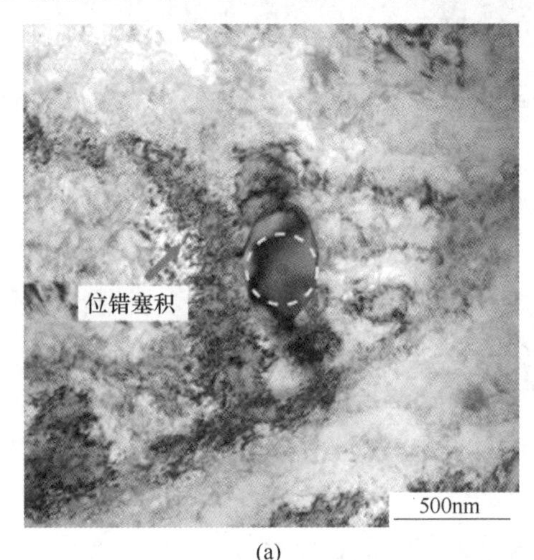

(a)

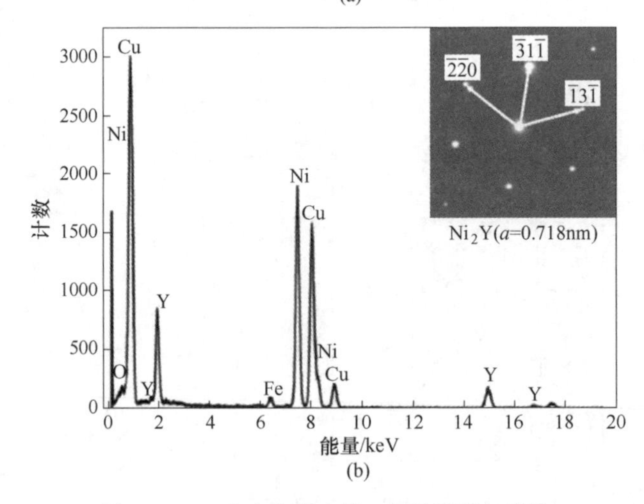

(b)

扫一扫看更清楚

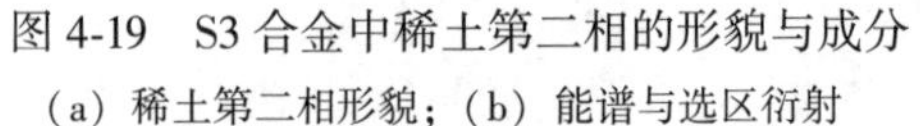

图 4-19　S3 合金中稀土第二相的形貌与成分

（a）稀土第二相形貌；（b）能谱与选区衍射

种物相主要由 Cu、Ni、Y 三种元素组成，是稀土 Y 与合金元素形成的稀土第二相。在黄色圆圈所标注区域做选区衍射分析，如图 4-19（b）右上角所示，确定该物相为 Ni_2Y 相，结构为 FCC 面心立方，晶格常数为 0.718nm。此外，在稀土第二相附近还观察到明显的位错塞积，表明第二相阻碍了位错运动，一旦位错滑移被抑制，变形机制将由位错滑移转变为孪生，使退火孪晶比例升高，满足了晶界特征优化的前提条件。

为进一步分析稀土 Y 对合金中位错的影响，选择无稀土 Y 的 S1 合金和稀土 Y 含量为 0.021%的 S3 合金观察其中的位错分布，如图 4-20 所示，图中黄色箭头

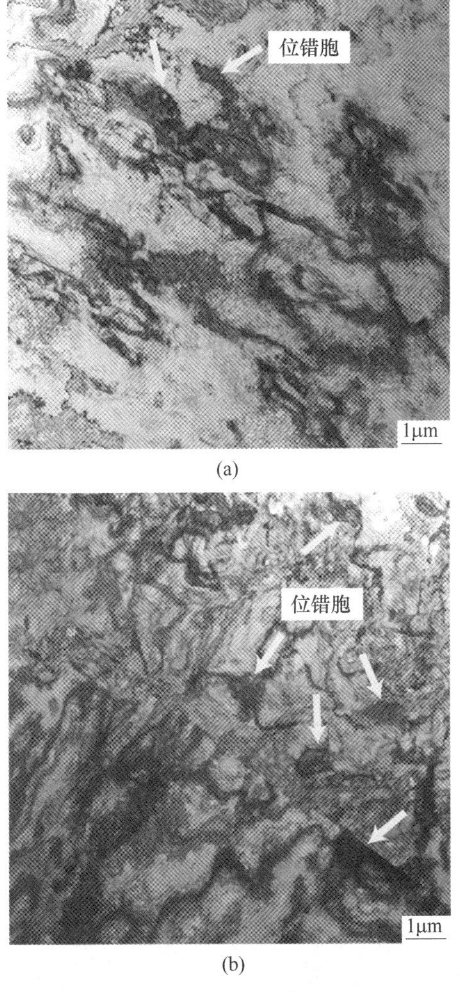

图 4-20 一次冷轧态位错结构 TEM 图像

（a）S1 合金；（b）S3 合金

扫一扫看更清楚

所标为位错胞结构，S3 合金中的位错胞数量明显大于 S1 合金，表明稀土 Y 使合金的位错密度显著提高。这一结果与稀土 Y 在合金中的存在形态有关，一方面稀土 Y 形成夹杂物或第二相，对位错运动起到阻碍作用，另一方面，有部分稀土 Y 作为固溶原子造成晶格畸变，使位错滑移阻力增大，层错几率也增大，这有利于退火过程中大角度晶界的迁移，并为大尺寸晶粒团簇的形成提供驱动力，正如图 4-10 所示，低 ΣCSL 晶界比例提高，大尺寸晶粒团簇有效打断了一般大角度晶界的连通性，实现了晶界特征分布优化。

存在大量退火孪晶是形变热处理后合金组织的重要特征，退火孪晶界是低 ΣCSL 晶界中占比最高的特殊晶界，因此对最终退火态的孪晶微观结构进行表征。图 4-21（a）是 S3 合金中的退火孪晶 TEM 形貌像，箭头所标区域即为一个退火孪晶，其多数位于晶粒内部。退火孪晶的形成与层错在退火过程中的演变有关，在面心立方结构中，层错主要发生在（111）晶面上，因此，图 4-21（b）中观察了高倍下的（111）孪晶界，并在图中圆圈所标区域做选区衍射，如图 4-21（c）所示，结果表明此处为（111）面的共格孪晶界。图 4-21（d）是（111）孪晶界的高分辨像，白色虚线所标位置与图 4-21（b）中的孪晶界相对应，在（111）晶面附近，可观察到层错（黄色箭头所标位置），这是由于部分形变层错在退火过程中未完全消失而存在于孪晶界附近。图 4-21（d）右下角所示为高分辨像的傅里叶变换，用以确认孪晶的存在。

综上所述，在对一次冷轧态和最终退火态 B10 合金做微观结构表征时，未观察到类似 Cu-Al 合金和奥氏体钢中大量层错的存在，这是由于 B10 合金属于中层错能合金。但合金中高比例的退火孪晶与层错和位错密度有关，稀土 Y 的添加，会导致合金冷轧态的层错几率与位错密度增大，在后续退火过程中，促进大角度

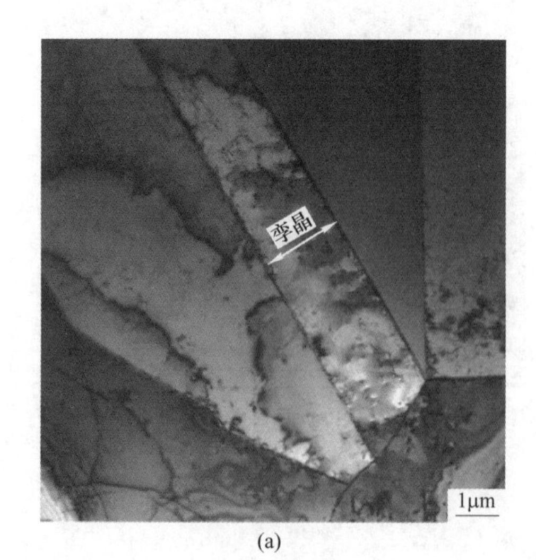

(a)

(b)

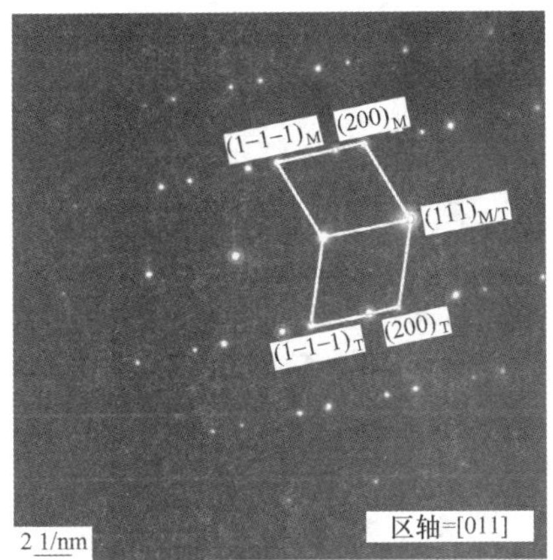

(c)

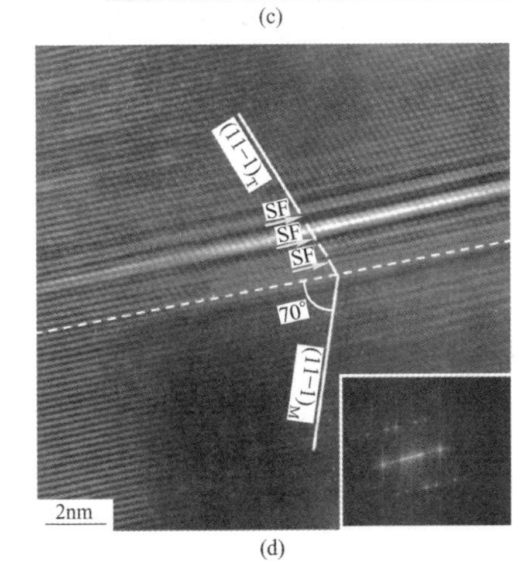

(d)

图 4-21 最终退火态孪晶的 TEM 形貌与结构

扫一扫看更清楚

(a) S3 合金中的孪晶；(b) 高倍孪晶界；(c) 孪晶选区衍射花样；(d) 孪晶高分辨像

晶界的迁移，有利于退火孪晶和大尺寸晶粒团簇的形成，满足了晶界特征优化的充分必要条件。

4.5 本章小结

本章主要研究了钇微合金化对B10合金铸态及最终退火态组织特征与晶界特征的影响，并从稀土夹杂物、第二相、位错密度、层错几率等方面分析了稀土Y优化合金晶界特征的微观机理。得出以下几点结论：

（1）B10合金的铸态组织为典型的树枝晶，添加稀土Y能有效细化合金二次枝晶间距，随稀土Y含量增加，枝晶逐渐呈有序化分布；合金均匀化退火态的晶粒尺寸随稀土Y含量增加先增大后略有减小，稀土Y含量为0.021%时，晶粒尺寸最大，组织最均匀；稀土Y在B10合金中有净化基体的作用，并形成椭球形钇基氧硫夹杂物存在于熔孔中。

（2）B10合金最终退火态组织为含有大量退火孪晶的完全再结晶组织，稀土Y能有效提高特殊晶界比例，随稀土Y含量增加至0.021%时，特殊晶界比例最高（58.8%），且合金中有明显的大尺寸晶粒团簇形成，能打断一般大角度晶界之间的相互连通，显著优化合金晶界特征分布。

（3）稀土Y在B10合金中形成了钇基氧硫夹杂物和Ni_2Y稀土第二相，还有部分作为固溶原子存在于基体晶格中。夹杂物和第二相通过阻碍位错运动，抑制晶界迁移，使位错密度显著提高，诱导退火孪晶形成；稀土固溶原子使位错滑移阻力增大，提高层错几率，有利于大角度晶界迁移，促进大尺寸晶粒团簇形成。

5　钇微合金化对 B10 合金耐蚀性能的影响

扫一扫
看本章彩图

B10 铜镍合金主要应用于海洋开发领域的管道装置，因此其耐海水腐蚀性能是主要关注的性能之一。本章利用极化曲线和电化学阻抗谱测试 B10 合金在 3.5% NaCl 溶液中的耐腐蚀性能，介绍稀土 Y 对均匀化退火态和最终退火态合金耐腐蚀性能的影响。

5.1　钇微合金化 B10 合金均匀化退火态耐蚀性能

根据第 4 章中对 B10 合金均匀化退火态组织与夹杂物的分析可知，不同稀土 Y 含量合金的组织特征及钇基夹杂物的大小与分布差异明显，因此，本节主要介绍不同稀土 Y 含量的 B10 合金在 30d 腐蚀周期内腐蚀速率及倾向性、腐蚀产物膜阻抗的变化规律，分析稀土 Y 对合金均匀化退火态耐蚀性能的影响。

5.1.1　极化曲线分析

图 5-1 所示为不同稀土 Y 含量的均匀化退火态 B10 合金的极化曲线，横坐标对应的自腐蚀电位是与腐蚀倾向相关的参数，纵坐标对应的自腐蚀电流密度与腐蚀速率有关。由图 5-1 可知，添加稀土 Y 后，合金的自腐蚀电位向正方向移动，即稀土 Y 减弱了合金的腐蚀倾向，且稀土 Y 含量较高的 S3 和 S4 合金的自腐蚀电位明显更正，表明随稀土 Y 含量增加，合金发生腐蚀的倾向性减小。由于曲线的波动性，自腐蚀电流密度随稀土 Y 含量的变化规律不是很明显，大致规律为 S1 和 S4 合金的自腐蚀电流密度较大，S2 和 S3 合金的自腐蚀电流密度较小。

极化曲线的 Tafel 外推法拟合结果见表 5-1，E_{corr}随稀土 Y 含量的增加先增大后略有减小，稀土 Y 含量为 0.021%的 S3 合金 E_{corr}最正，比无稀土 Y 的 S1 合金向正移动了 0.03V；I_{corr}的变化没有明显规律，S1 与 S4 合金的 I_{corr}较大，S3 合金的 I_{corr}最小，而自腐蚀电流密度 I_{corr}可反映腐蚀速率的大小，利用式（5-1）将自腐蚀电流密度换算成腐蚀速率，结果也列于表 5-1 中，S3 合金的腐蚀速率最小。因此极化曲线的结果表明稀土 Y 含量为 0.021%的 S3 合金腐蚀倾向性最小，腐蚀速率最低。

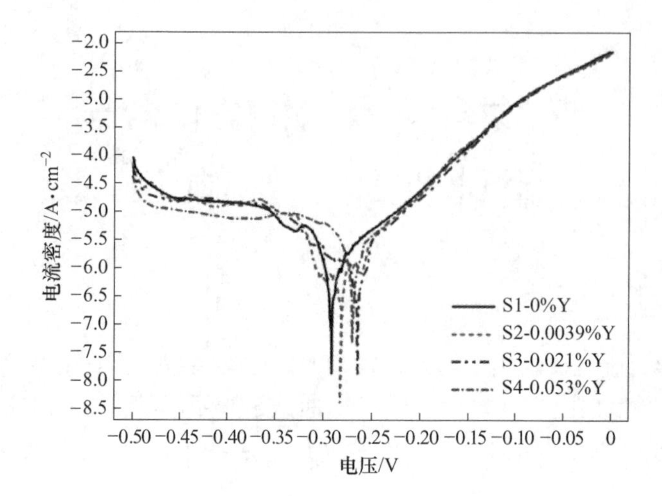

图 5-1　均匀化退火态 B10 合金随 Y 含量变化的动电位极化曲线

$$v = \frac{AI_{corr}}{nF\rho} \times 87600 \tag{5-1}$$

其中，A 为合金的摩尔质量，g/mol；n 为反应物的电荷转移数，个；F 为法拉第常数，取值 26. 8A · h；ρ 为合金的密度，g/cm^3。

表 5-1　均匀化退火态 B10 合金极化曲线拟合结果

样品	E_{corr}/V	I_{corr}/μA · cm^{-2}	V/μm · a^{-1}
S1	−0. 292	1. 354	15. 74
S2	−0. 285	0. 986	11. 46
S3	−0. 267	0. 885	10. 29
S4	−0. 272	1. 528	17. 76

5. 1. 2　电化学阻抗谱分析

图 5-2 所示为不同稀土 Y 含量均匀化退火态 B10 合金随腐蚀时间变化的阻抗 Bode 图，整体来看，4 个样品的阻抗模值随浸泡时间的延长都有显著增加，浸泡 0d 时，样品表面处于活化状态，阻抗模值较低，浸泡周期从 1d 至 30d 的过程中，样品表面逐渐由活化状态转变为钝化状态，因此阻抗模值显著增加。但不同稀土 Y 含量样品的阻抗模值随浸泡时间的变化规律存在差异，无稀土 Y 的 S1 样品，浸泡周期从 1d 到 15d 内，阻抗模值稳定在某个值附近，浸泡周期从 15d 到 30d，阻抗模值呈逐渐增加的趋势；S2 和 S4 样品阻抗模值随浸泡时间的变化呈现相似的规律，浸泡周期从 1d 至 7d 内，阻抗模值几乎无变化，而 7d 至 30d，阻抗模值增大，不同的是，S2 样品的阻抗模值在腐蚀后期逐渐趋于稳定，而 S4 样品的阻

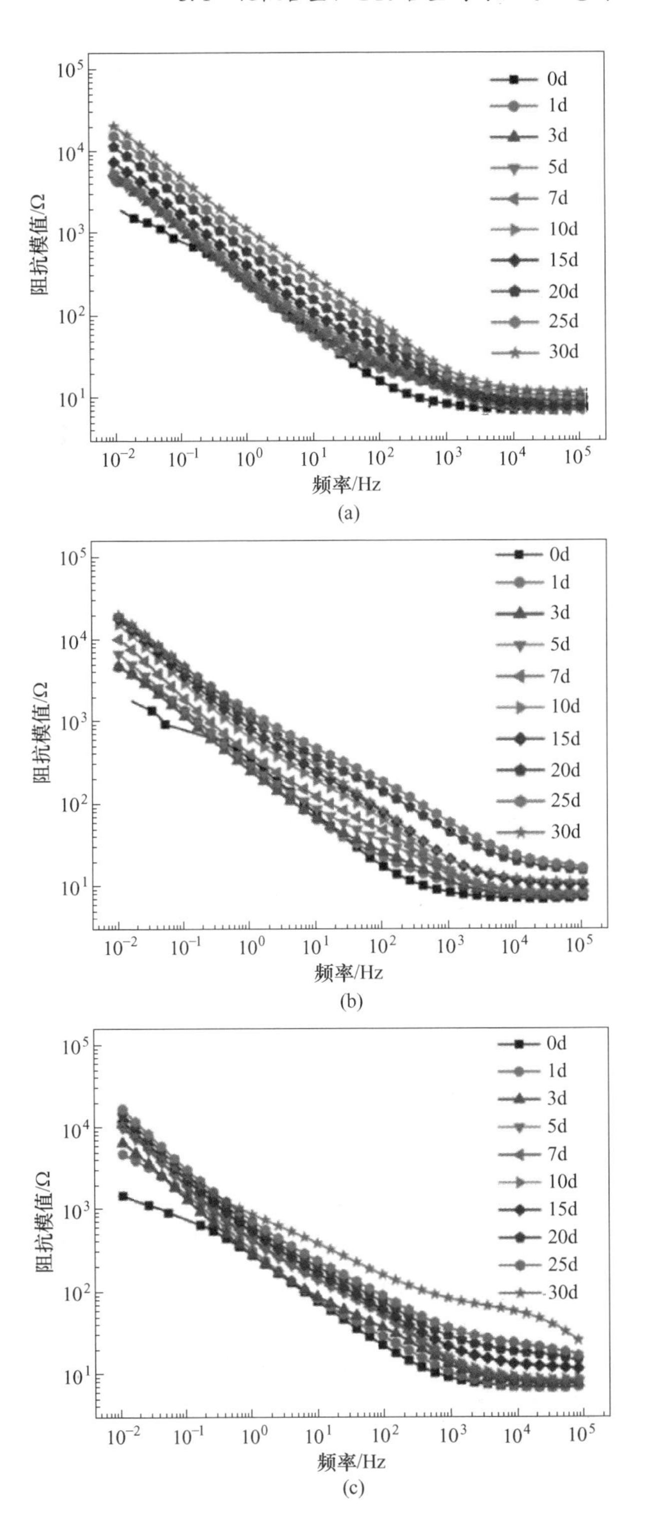
阻抗模值/Ω
频率/Hz
0d
1d
3d
5d
7d
10d
15d
20d
25d
30d
(a)
(b)
(c)

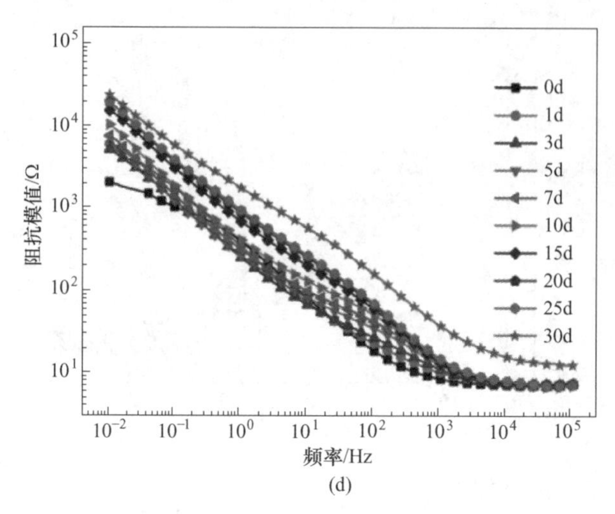

(d)

图 5-2 不同 Y 含量的均匀化退火态 B10 合金随腐蚀时间变化的阻抗 Bode 图

(a) S1：0%Y；(b) S2：0.0039%Y；(c) S3：0.021%Y；(d) S4：0.053%Y

抗模值在腐蚀后期仍呈逐渐增大的趋势，在30d时达到最大值；S3样品的阻抗模值从5d至30d变化极微，基本保持在一个较高的值。阻抗模值的大小可反映样品表面膜层的阻值，因此，上述各样品的阻抗模值变化规律表明，S1样品在浸泡15d后，才逐渐形成具有保护性的腐蚀产物；S2和S4样品均在浸泡7d左右形成了较稳定的腐蚀产物，但S4样品的腐蚀产物在腐蚀后期可能有增厚现象或致密度有所提高，这可能与S4样品的稀土Y含量较高有关；而S3样品在较短时间内迅速形成具有保护性且稳定性高的腐蚀产物，表明稀土Y含量为0.021%时，对合金表面稳定腐蚀产物的形成具有显著作用。

图5-3所示为不同稀土Y含量均匀化退火态B10合金随腐蚀时间变化的相位角Bode图，4个样品的相位角峰值的整体变化规律一致，都是随浸泡时间的延长，由一个相位角峰值转变为两个相位角峰值，且相位角峰值都出现在中低频区，但不同稀土Y含量的样品出现两个峰值的浸泡时间不同，无稀土Y的S1样品浸泡5d开始出现两个相位角峰值，15d后出现两个明显的相位角峰值；S2和S4样品均在浸泡3d开始出现两个峰值，7d后出现明显的“双峰”；而稀土Y含量为0.021%的S3样品浸泡1d就开始出现两个峰值，5d后出现明显的“双峰”。文献研究表明，两个相位角峰值的出现是由“电双层”引起的，说明有双层腐蚀膜形成，因此，不同稀土Y含量的4个样品的相位角峰值变化规律表明，稀土Y的添加促进了双层腐蚀产物膜的形成，稀土Y含量为0.021%的S3样品最早形成具有保护性的双层膜，能有效防止基体发生进一步腐蚀。

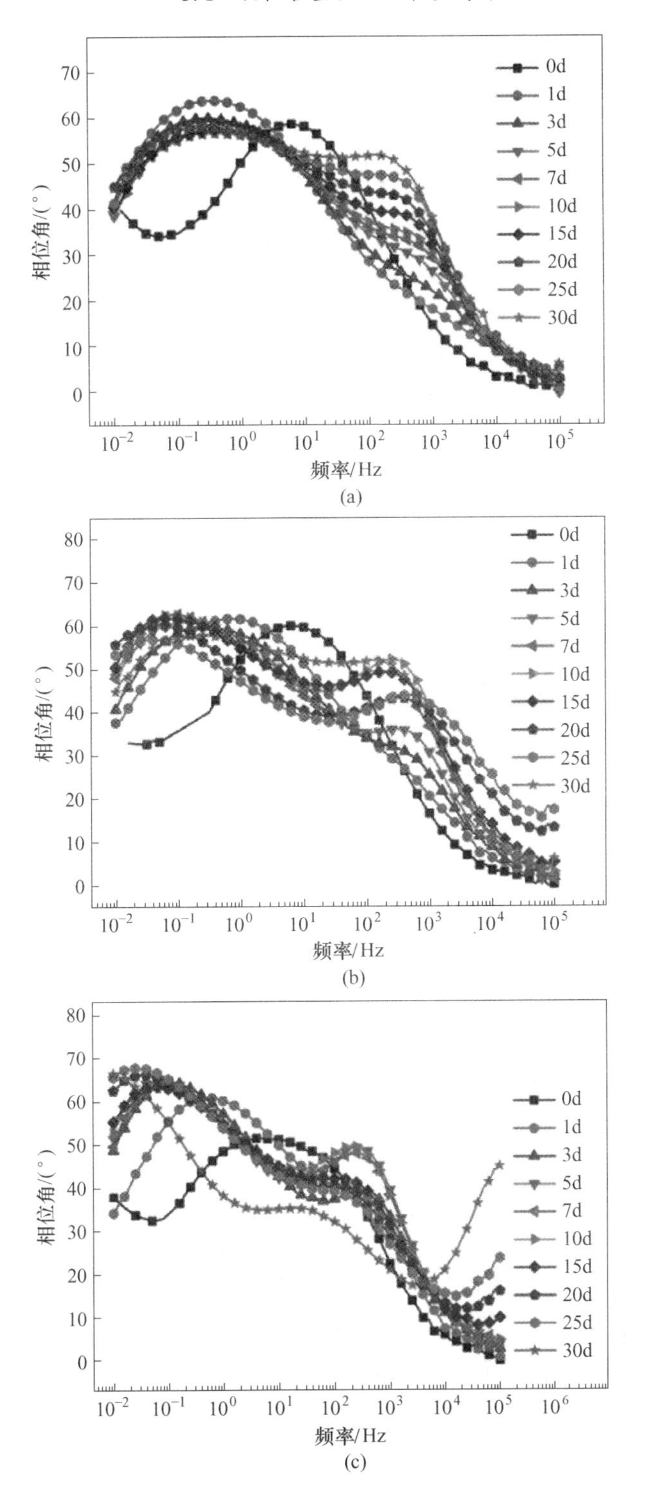

(a)

(b)

(c)

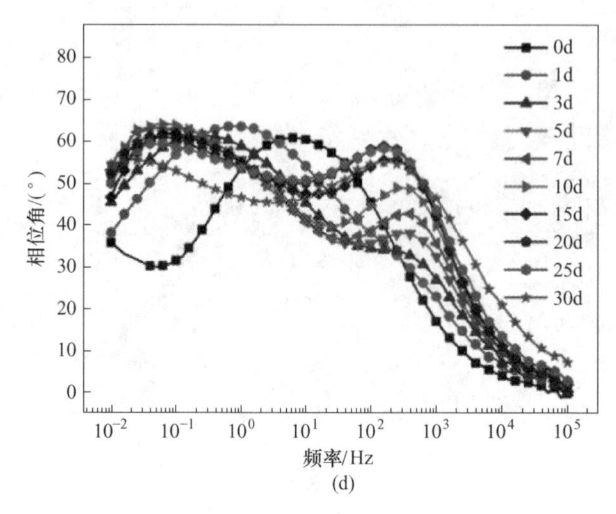

图 5-3　不同 Y 含量的均匀化退火态 B10 合金随腐蚀时间变化的相位角 Bode 图

（a）S1：0%Y；（b）S2：0.0039%Y；（c）S3：0.021%Y；（d）S4：0.053%Y

上述阻抗 Bode 图（图 5-2）和相位角 Bode 图（图 5-3）的结果显示，稀土 Y 对均匀化退火态 B10 合金在 3.5% NaCl 溶液中的腐蚀过程有显著影响，主要表现在：一方面，稀土 Y 有利于合金表面钝化，加速具有保护性的腐蚀产物的形成，另一方面，稀土 Y 会影响腐蚀产物的结构，促进双层腐蚀产物膜的形成。

图 5-4 所示为不同稀土 Y 含量均匀化退火态 B10 合金随腐蚀时间变化的 Nyquist 图，从整体来看，添加稀土 Y 的 S2～S4 样品的容抗弧半径（纵坐标值）明显大于未添加稀土 Y 的 S1 样品，其中 S3 样品的容抗弧半径最大。从纵向分析，对于 S1 样品，当浸泡周期小于 15d 时，容抗弧半径随浸泡周期的变化不大，随浸泡周期延长至 25d，容抗弧半径逐渐增大，且增大程度明显，这说明无稀土 Y 的 S1 样品要形成具有保护性的腐蚀产物膜需要的周期较长，随浸泡周期继续延长至 30d，S1 样品的容抗弧半径反而有所减小，表明样品表面的腐蚀产物膜开始发生剥落，耐腐蚀性能降低；与之不同的是，添加了稀土 Y 的 S2～S4 样品，当其浸泡周期大于 7d 后，容抗弧半径都有明显增大现象，且 S2 和 S4 样品的容抗弧半径逐渐趋于一个稳定值，而 S3 样品的容抗弧半径随浸泡时间的延长不断增大，当浸泡周期达 30d 时，其容抗弧半径还未出现下降的趋势，说明当稀土 Y 含量为 0.021%时，腐蚀产物膜在生长过程中厚度、致密度都在不断增加，对基体的保护能力在不断提高，即稀土 Y 含量为 0.021%时，对均匀化退火态 B10 合金耐蚀性能的作用效果最佳。与无稀土 Y 的合金相比，添加稀土 Y 的合金要形成具有保护性的腐蚀产物膜需要的浸泡周期更短，表明稀土 Y 能有效促进致密腐蚀产物膜的形成。

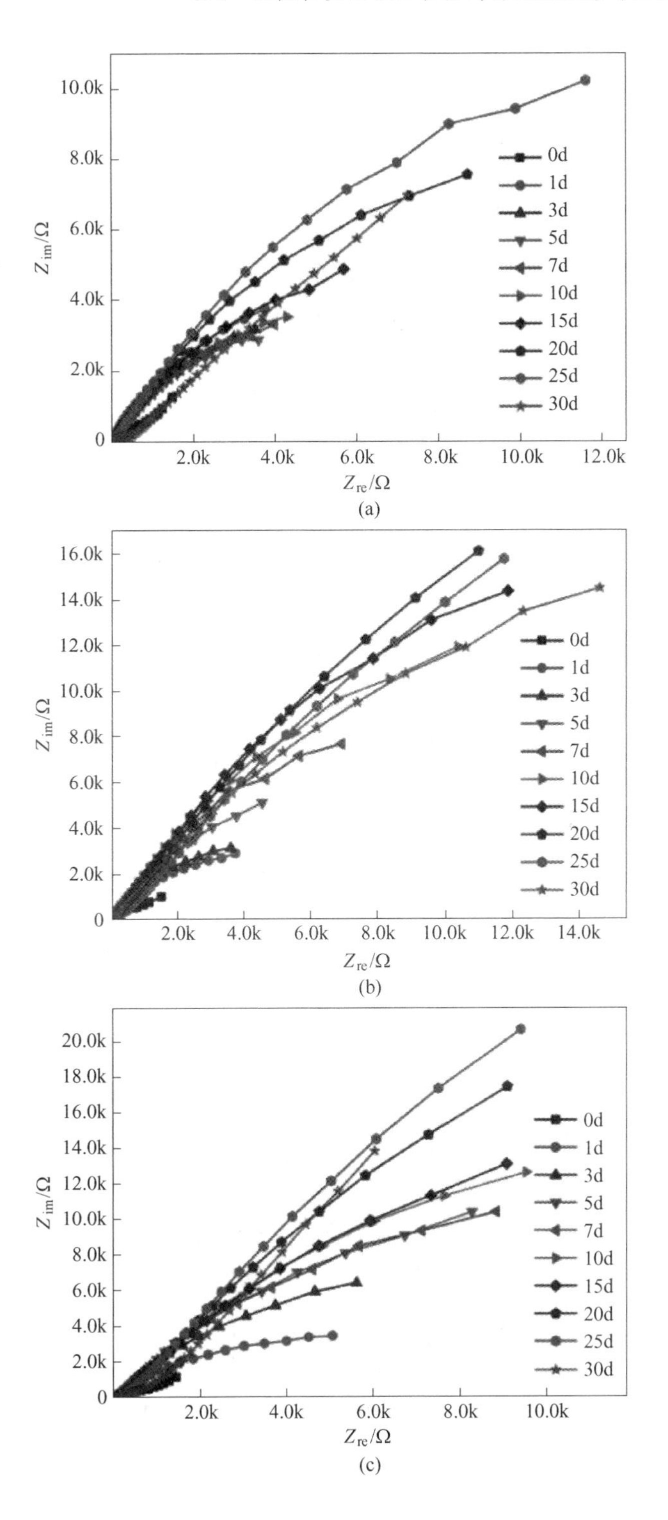

10.0k
8.0k
6.0k
4.0k
2.0k
0
Z_{im}/Ω
2.0k
4.0k
6.0k
8.0k
10.0k
12.0k
Z_{re}/Ω
0d
1d
3d
5d
7d
10d
15d
20d
25d
30d
(a)
16.0k
14.0k
12.0k
10.0k
8.0k
6.0k
4.0k
2.0k
0
Z_{im}/Ω
2.0k
4.0k
6.0k
8.0k
10.0k
12.0k
14.0k
Z_{re}/Ω
0d
1d
3d
5d
7d
10d
15d
20d
25d
30d
(b)
20.0k
18.0k
16.0k
14.0k
12.0k
10.0k
8.0k
6.0k
4.0k
2.0k
0
Z_{im}/Ω
2.0k
4.0k
6.0k
8.0k
10.0k
Z_{re}/Ω
0d
1d
3d
5d
7d
10d
15d
20d
25d
30d
(c)

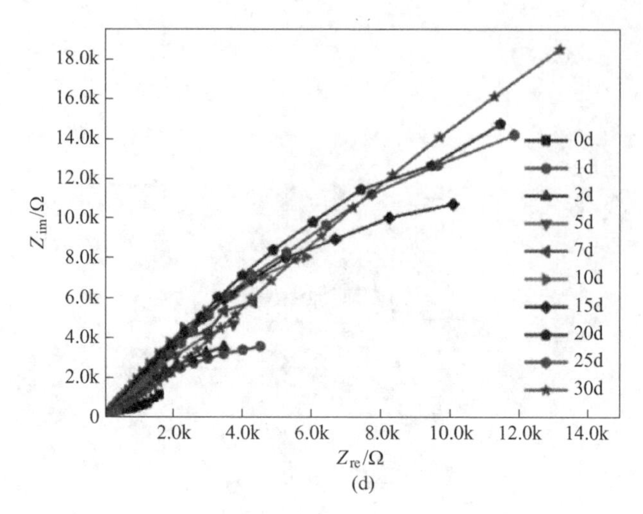

(d)

图 5-4　不同 Y 含量的均匀化退火态 B10 合金随腐蚀时间变化的 Nyquist 图

(a) S1：0%Y；(b) S2：0.0039%Y；(c) S3：0.021%Y；(d) S4：0.053%Y

为了进一步比较稀土 Y 在浸泡周期内对合金耐蚀性能的作用，按容抗弧半径的变化规律，将浸泡周期分为 4 个阶段，腐蚀初期（小于 1d）、腐蚀中期（1~7d）、腐蚀稳定期（7~20d）、腐蚀后期（20~30d），从这 4 个阶段内分别选择一组数据分析不同稀土 Y 含量 Nyquist 图和 Bode 图的变化规律，如图 5-5 所示。

在腐蚀初期，Nyquist 图显示（图 5-5（a）），S1~S4 样品的容抗弧无明显差异，都由容抗弧与 Warburg 阻抗组成。说明腐蚀初期的电化学反应由电荷传递过程和扩散过程共同控制。这是由于腐蚀初期合金没有膜层保护或者表面腐蚀产物膜较薄，各种离子直接或容易穿过腐蚀产物膜与基体接触，腐蚀速率最大，所

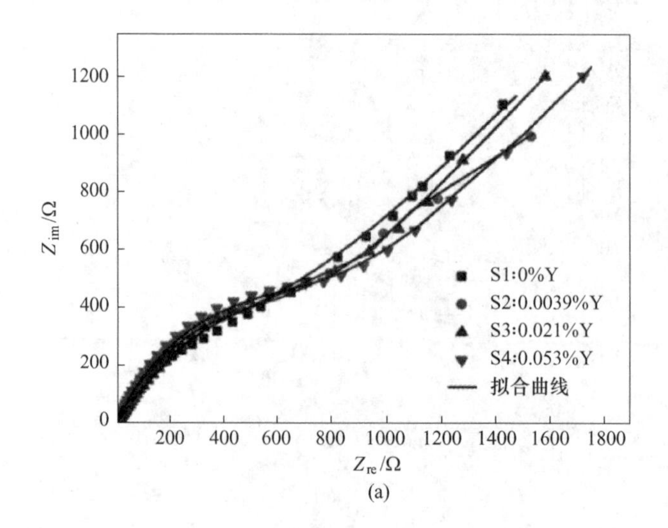

(a)

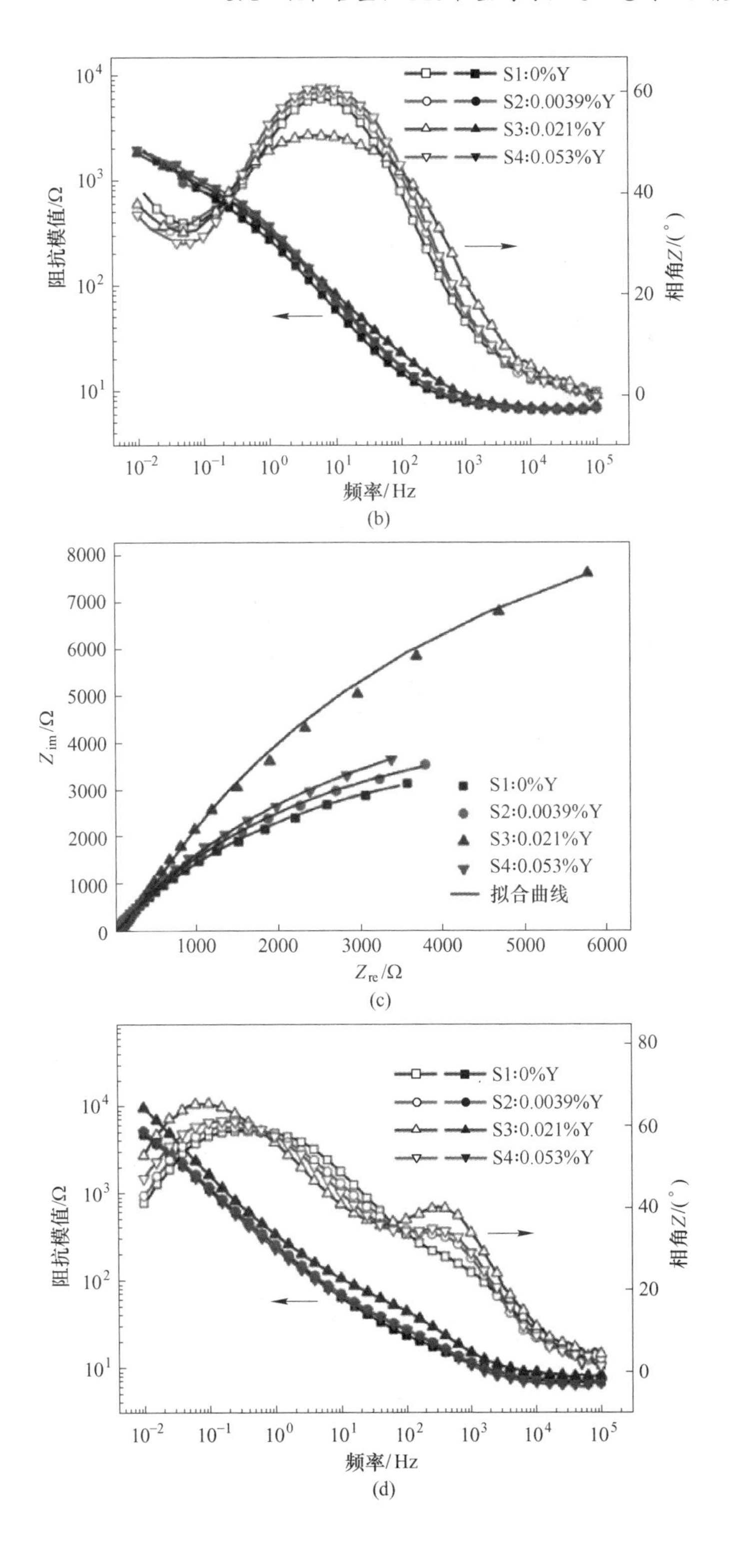
S1:0%Y
S2:0.0039%Y
S3:0.021%Y
S4:0.053%Y
阻抗模值/Ω
相角Z/(°)
频率/Hz
Z_{im}/Ω
Z_{re}/Ω
拟合曲线

(b)

(c)

(d)

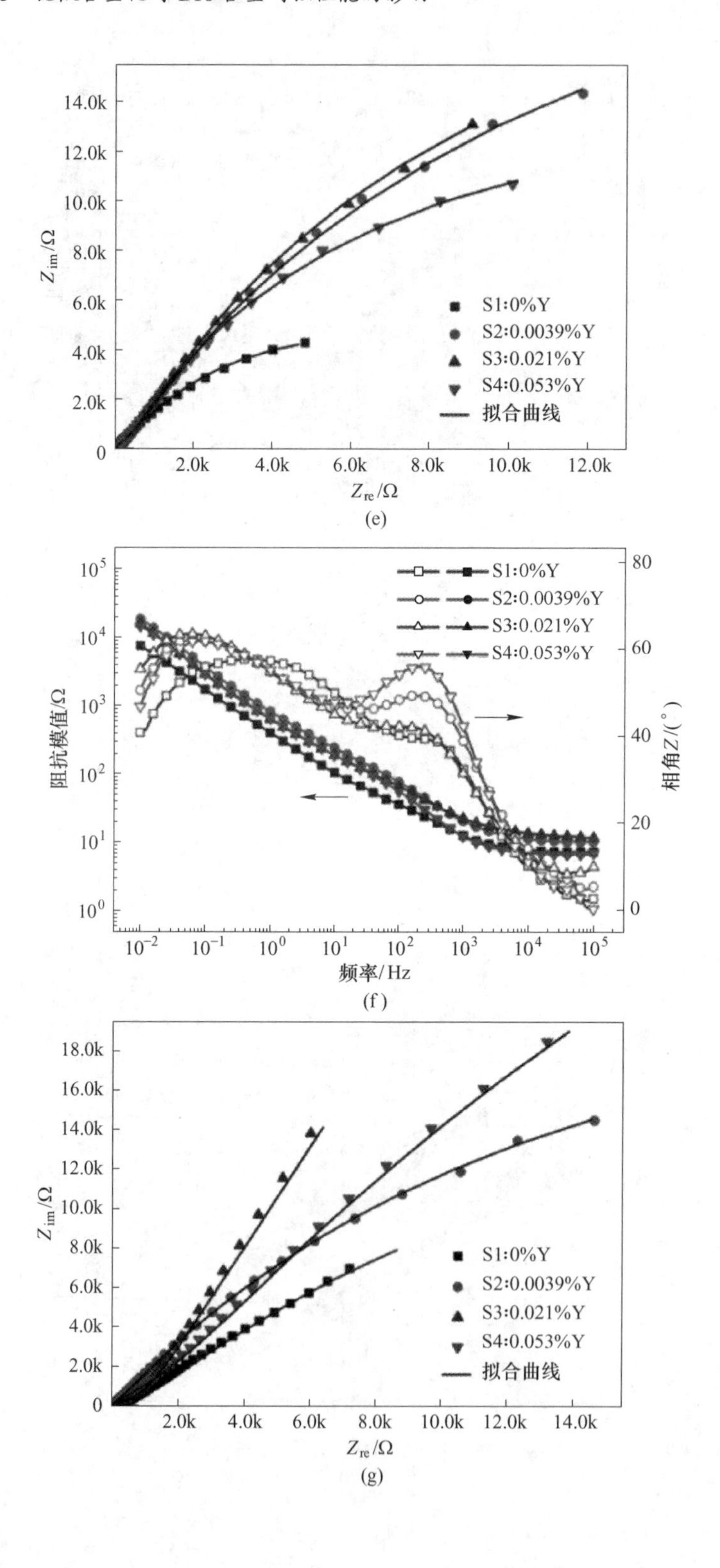

14.0k
12.0k
10.0k
8.0k
6.0k
4.0k
2.0k
0
2.0k
4.0k
6.0k
8.0k
10.0k
12.0k
Z_{im}/Ω
Z_{re}/Ω
S1:0%Y
S2:0.0039%Y
S3:0.021%Y
S4:0.053%Y
拟合曲线
(e)
10^5
10^4
10^3
10^2
10^1
10^0
80
60
40
20
0
10^{-2}
10^{-1}
10^0
10^1
10^2
10^3
10^4
10^5
阻抗模值/Ω
相角Z/(°)
频率/Hz
S1:0%Y
S2:0.0039%Y
S3:0.021%Y
S4:0.053%Y
(f)
18.0k
16.0k
14.0k
12.0k
10.0k
8.0k
6.0k
4.0k
2.0k
0
2.0k
4.0k
6.0k
8.0k
10.0k
12.0k
14.0k
Z_{im}/Ω
Z_{re}/Ω
S1:0%Y
S2:0.0039%Y
S3:0.021%Y
S4:0.053%Y
拟合曲线
(g)

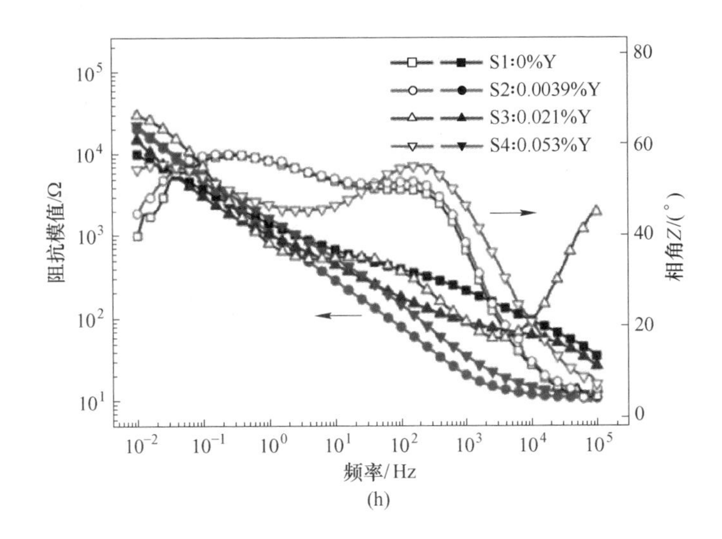

图 5-5 不同腐蚀阶段的均匀化退火态 B10 合金随 Y 含量变化的 Nyquist 图和 Bode 图
（a）（b）0d；（c）（d）3d；（e）（f）15d；（g）（h）30d

以腐蚀初期腐蚀过程也受扩散过程控制。随着腐蚀时间的延长，容抗弧半径逐渐增大，Warburg 阻抗消失（图 5-5（c）（e）（g））。这是由于合金表面逐渐形成了腐蚀产物膜，使得膜内扩散受阻，对合金起到了一定的保护作用，扩散过程的作用减弱甚至消失，此时合金的电化学反应主要受到电荷传递过程控制。腐蚀初期的 Bode 图（图 5-5（b））特征为：阻抗模值无明显差异，4 个样品均只有一个相位角峰值。

在腐蚀中期，由 Nyquist 图（图 5-5（c））可知，稀土 Y 含量为 0.021%的 S3 样品容抗弧半径明显大于其他 3 个成分的样品，而 S2 和 S4 的容抗弧半径与未添加稀土 Y 的 S1 相近，差异不明显。由阻抗 Bode 图（图 5-5（d））可得相同的规律，即 S3 样品的阻抗模值最大。相位角 Bode 图显示，在中高频区，添加了稀土 Y 的样品由腐蚀初期的一个相位角峰值转变为两个峰值，有文献认为，这主要与合金表面“双层膜”结构的形成有关，表明添加了稀土 Y 的合金在腐蚀中期就已形成具有保护性的腐蚀产物膜。

在腐蚀稳定期，Nyquist 图（图 5-5（e））显示，添加了稀土 Y 的 S2、S3、S4 样品的容抗弧半径明显大于 S1 样品，与腐蚀中期相比，表明 S2 和 S4 合金的耐蚀性有孕育期，随浸泡时间延长逐渐表现出优于 S1 的良好的耐蚀性能。Bode 图（图 5-5（f））也显示添加了稀土 Y 的样品具有较大的阻抗模值，且 S1 样品也出现两个相位角峰值，即在浸泡时间大于 15d 时形成了较致密的腐蚀产物膜。

在腐蚀后期，不同稀土 Y 含量合金的 Nyquist 图（图 5-5（g））中容抗弧半径表现出较大的差异，即容抗弧半径：S3>S4>S2>S1。

为了更具体直观地反映不同稀土 Y 含量的合金在不同的浸泡腐蚀周期，膜层的耐腐蚀性能，利用如图 5-6 所示的等效电路拟合样品的电化学阻抗谱。根据不同腐蚀时期样品的腐蚀特征，选用恰当的等效电路进行拟合，图 5-6（a）中的等效电路用于拟合腐蚀 0d 的阻抗数据，其中，R_s 表示溶液电阻，C_{ct} 表示样品与溶液之间的双电层电容，R_{ct} 表示电荷转移电阻。R_{f1} 表示薄膜电阻，Q_1 代表 R_{f1} 相对应的恒相元件。在电路中引入恒相元件（CPE）来取代纯电容，避免了由于表面不均匀而导致的非理想行为。用 W 表示 Warburg 阻抗，代表了浸泡腐蚀过程中的扩散过程。随着腐蚀时间的延长，合金表面的腐蚀产物膜逐渐完整致密，用图 5-6（b）中的等效电路图拟合腐蚀中后期的样品（腐蚀时间为 3d，15d，30d）。其中的 R_s、R_{ct} 的含义与图 5-6（a）中相同，但由于腐蚀产物膜形成的过程中双电层逐渐偏离纯电容，因此，在腐蚀中后期用 Q_{ct} 代替 C_{ct}。用 R_{f1} 表示外层膜电阻，R_{f2} 表示内层膜电阻。根据电化学阻抗谱理论，用各电阻之和量化腐蚀产物膜的总阻值：$R_{total}=R_{ct}+R_{f1}+R_{f2}$。

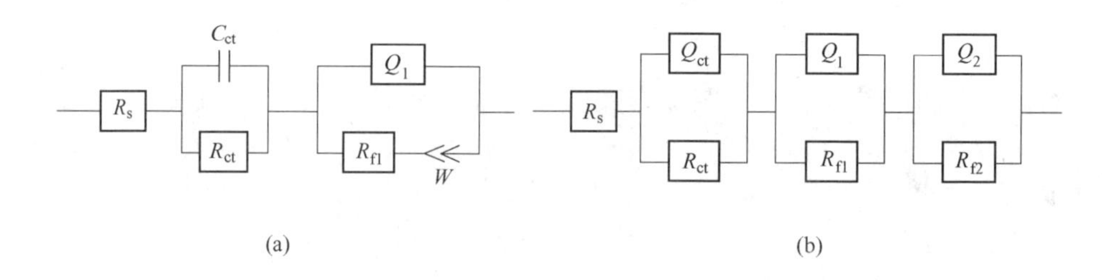

图 5-6　拟合不同腐蚀阶段电化学阻抗的等效电路图
（a）用于拟合 0d；（b）用于拟合 3d，15d，30d

图 5-5（a）（c）（e）（g）中的黑色实线为等效电路拟合曲线，从图 5-5 中可以发现，拟合曲线和实验数据重合度高，具体的拟合数据见表 5-2 和表 5-3。由于浸泡 0d 的样品表面还未形成腐蚀产物，因此用电荷转移电阻 R_{ct} 和电容 C_{ct} 随稀土 Y 含量的变化来反映浸泡初期腐蚀速率的大小，由表 5-2 可知，R_{ct} 先增大后减小，C_{ct} 先减小后增大，因此腐蚀速率随稀土 Y 含量先减小后增大，稀土 Y 含量为 0. 021%时，腐蚀速率最小，这与极化曲线预测的结果一致。其次，R_{total} 随稀土 Y 含量的增加逐渐增大，说明添加稀土 Y 后，电荷转移电阻和薄膜电阻都有增大现象。腐蚀中期、腐蚀稳定期、腐蚀后期的阻抗拟合结果见表 5-3，由于膜层的不断增厚及双层腐蚀产物膜的形成并发展成熟，电荷转移电阻 R_{ct} 随浸泡时间延长呈增大趋势，电容 Q_{ct} 随浸泡时间延长逐渐减小；同时，内层膜电阻 R_{f2} 随腐蚀时间延长也逐渐增大，这是内层膜逐渐增厚的过程，而外层膜电阻 R_{f1} 随腐蚀时间的变化无明显规律，这是由于外层腐蚀产物膜不稳定，其孔隙率及与基体的结合紧密度会随浸泡时间不断变化；另外，Q_1 和 Q_2 是反映膜层致密度的

参数，Q_2随浸泡时间延长而减小表明内层膜致密度逐渐提高。对于不同稀土Y含量的样品，电荷转移电阻R_{ct}、膜层电阻R_{f1}和R_{f2}都随稀土Y含量增加呈先增大后减小的趋势，此外，当样品表面形成稳定的双层膜后（15d、30d），各样品的Q_2值都小于Q_1，这说明内层膜比外层膜更致密；膜层总阻值R_{total}在各浸泡阶段随稀土Y含量增加先增大后减小，稀土Y含量为0.021%的S3样品在整个浸泡周期内都表现出优异的耐蚀性能，特别是浸泡30d时，S3样品表面膜层的总阻值远大于其他样品的膜层阻值，比S4样品大了一个数量级，比S1和S2样品大了两个数量级，表明S3样品表面的腐蚀产物能有效阻止Cl^-等腐蚀性离子对基体的侵蚀。表5-2和表5-3中χ^2值是用以评估拟合精度的参数，其数量级均为10^{-4}，说明拟合精度较高，两个等效电路的使用是合理的。

表5-2 均匀化退火态B10合金腐蚀0d的电化学阻抗等效电路拟合结果

样品	R_s /Ω·cm²	$C_{ct}\times10^{-3}$ /F·cm⁻²	$W\times10^{-3}$ /Ω⁻¹·cm⁻²·s⁻⁰·⁵	R_{ct} /Ω·cm²	$Q_1\times10^{-4}$ /F·cm⁻²	n_1	R_{f1} /Ω·cm²	R_{total} /Ω·cm²	$\chi^2\times10^{-4}$
0%Y	5.760	2.387	2.303	170.6	5.161	1.0000	252.4	423	7.367
0.0039%Y	6.844	1.545	1.015	197.5	6.590	0.7412	372	570	9.346
0.021%Y	6.600	0.974	2.063	240.6	7.481	0.6649	440	681	9.030
0.053%Y	6.678	2.254	2.239	190.3	6.367	0.7440	668	858	9.441

表5-3 均匀化退火态B10合金腐蚀3d，15d，30d的电化学阻抗等效电路拟合结果

腐蚀时间	样品	R_s /Ω·cm²	$Q_{ct}\times10^{-4}$ /F·cm⁻²	n_{ct}	R_{ct} /Ω·cm²	$Q_1\times10^{-4}$ /F·cm⁻²	n_1	R_{f1} /Ω·cm²	$Q_2\times10^{-4}$ /F·cm⁻²	n_2	R_{f2} /Ω·cm²	R_{total} /Ω·cm²	$\chi^2\times10^{-4}$
3d	0%Y	6.411	5.524	0.6753	11.12	5.502	0.6723	20.8	10.54	0.7104	11050	11082	6.430
	0.0039%Y	6.884	3.201	0.8253	11.90	3.743	0.5696	5369	11.55	0.7417	11800	17181	5.617
	0.021%Y	7.465	2.277	0.8526	28.94	1.570	0.5463	9288	15.95	0.8000	15650	24967	8.070
	0.053%Y	6.277	2.512	0.7824	16.64	3.569	0.6503	3167	12.56	0.7394	14130	17314	6.071
15d	0%Y	6.980	3.185	0.9241	11.39	8.977	0.9996	2587	6.484	0.6196	14540	17138	6.659
	0.0039%Y	9.653	1.998	0.8898	23.92	8.691	0.6103	444.4	4.046	0.7927	52680	53148	4.357
	0.021%Y	11.15	1.384	0.7429	32.52	10.34	0.9207	28200	4.119	0.5480	49110	77343	9.281
	0.053%Y	6.596	1.081	0.8675	76.54	6.722	0.7071	511.6	5.435	0.8397	30650	31238	6.270

续表 5-3

腐蚀时间	样品	R_s /Ω·cm^2	$Q_{ct}\times10^{-4}$ /F·cm^{-2}	n_{ct}	R_{ct} /Ω·cm^2	$Q_1\times10^{-4}$ /F·cm^{-2}	n_1	R_{f1} /Ω·cm^2	$Q_2\times10^{-4}$ /F·cm^{-2}	n_2	R_{f2} /Ω·cm^2	R_{total} /Ω·cm^2	$\chi^2\times10^{-4}$
30d	0%Y	12. 04	1. 735	0. 9972	15. 22	6. 055	0. 4667	985	0. 6389	0. 6227	53180	54180	1. 073
	0. 0039%Y	10. 52	0. 803	0. 9963	22. 78	4. 447	0. 6568	998. 6	0. 5645	0. 7100	58020	59041	3. 731
	0. 021%Y	5. 23	0. 453	0. 8580	52. 67	2. 975	0. 5217	1071	0. 2790	0. 7748	1634000	1635124	5. 169
	0. 053%Y	11. 09	0. 776	0. 8529	168	4. 622	0. 6170	1465	0. 2916	0. 7131	163200	164833	4. 827

5.2 钇微合金化 B10 合金最终退火态耐蚀性能

B10 合金经形变热处理后，组织及晶界特征有显著变化，晶粒明显细化，晶界特征以大量低 ΣCSL 晶界为主，另外稀土夹杂物也在变形过程中发生了再分布，因此最终退火态合金的耐蚀性能及其机理也会随之发生变化，本节主要通过极化曲线、电化学阻抗等检测方法分析 30d 浸泡周期内合金耐蚀性能的变化规律，研究稀土 Y 含量对最终退火态 B10 合金耐蚀性能的影响。

5.2.1 极化曲线分析

图 5-7 所示为最终退火态 B10 合金的极化曲线，由图 5-7 可知，无稀土 Y 的 S1 样品的自腐蚀电位明显小于其余 3 个样品，但其他 3 个样品的自腐蚀电位差异不大，对图 5-7 中虚线框所示区域做局部放大，如图 5-7 右下角所示，S3 样品的自

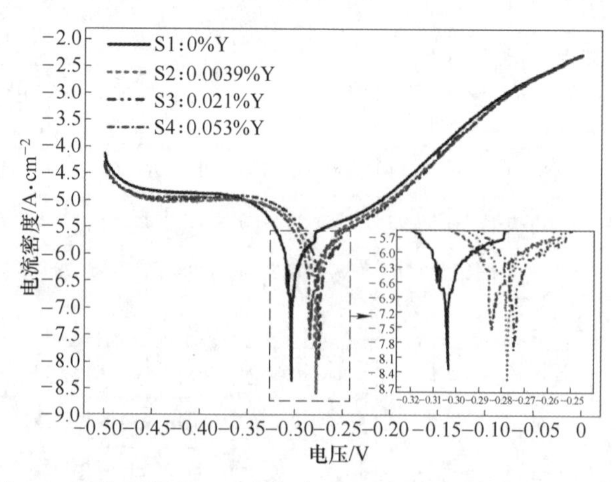

图 5-7 最终退火态 B10 合金随 Y 含量变化的动电位极化曲线

腐蚀电位最正，依次是S2、S4样品，S1样品的自腐蚀电位最负，这表明稀土Y减弱了合金的腐蚀倾向，稀土Y含量为0.021%时，合金的腐蚀倾向性最小。表5-4是Tafel外推法拟合结果，自腐蚀电位E_{corr}随稀土Y含量的增加先向正移动后向负移动，稀土Y含量为0.021%的S3合金E_{corr}最正；I_{corr}也是S1合金的最大，S3合金的最小，而自腐蚀电流密度I_{corr}可反映腐蚀速率的大小，利用式（5-1）计算的腐蚀速率也列于表5-4中，S3合金的腐蚀速率最小。因此极化曲线的结果表明稀土Y含量为0.021%的S3合金腐蚀倾向性最小，腐蚀速率最低。

表5-4 最终退火态B10合金极化曲线拟合结果

样品	E_{corr}/V	I_{corr}/μA·cm^{-2}	V/μm·a^{-1}
S1	-0.303	1.240	14.41
S2	-0.279	0.731	8.49
S3	-0.275	0.342	3.98
S4	-0.285	0.608	7.06

5.2.2 电化学阻抗谱分析

图5-8所示为不同稀土Y含量最终退火态B10合金随腐蚀时间变化的阻抗Bode图，整体来看，4个样品的阻抗模值随浸泡时间的延长都有显著增加，浸泡0d时，样品表面处于活化状态，阻抗模值明显较低，浸泡周期从1d至30d的过程中，样品表面逐渐呈钝态，因此阻抗模值显著增加。但随浸泡时间延长，各样品的阻抗模值的变化规律不同，无稀土Y的S1样品，浸泡周期从1d到30d内，阻抗模值随时间的变化幅度很小，基本保持稳定；S2样品的阻抗模值从浸泡3d至7d内增幅明显，但10d到15d的阻抗模值反而下降至低于7d，从20d至30d内，阻抗模值又呈增大趋势；S3样品的阻抗模值随浸泡时间的延长逐渐增大，在30d时达到最大值；S4样品的阻抗模值变化规律分为两个阶段，3d至7d，阻抗模值逐渐增大但保持在某个值附近，浸泡10d后，阻抗模值明显大于7d，但在10d至30d内，阻抗模值保持稳定，变化甚微。阻抗模值的大小可反映样品表面膜层的阻值，因此，上述各样品的阻抗模值变化规律表明：S1样品表面的腐蚀产物膜随浸泡时间有增厚的现象，但膜层结构没有显著变化；S2样品和S4样品的腐蚀产物在浸泡时间小于15d时，稳定性较差，S2样品在浸泡20d左右时才形成较稳定的腐蚀产物，S4样品在浸泡15d后腐蚀产物的阻值增大，膜层趋于稳定；S3样品在较短时间内迅速形成具有保护性的腐蚀产物，且这种腐蚀产物的稳定性和致密性随浸泡时间延长逐渐提高，表明稀土Y含量为0.021%时，对合金表面稳定腐蚀产物的形成具有显著作用。

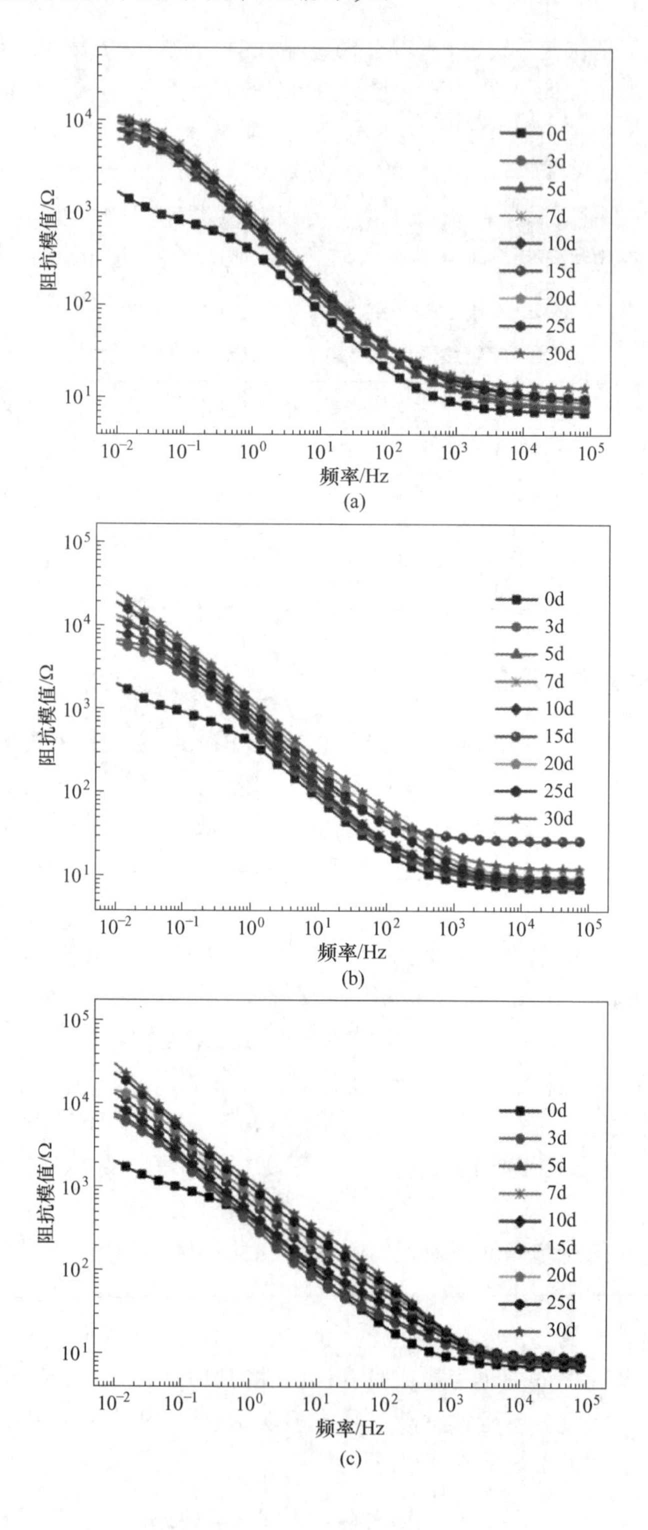

阻抗模值/Ω
频率/Hz
0d
3d
5d
7d
10d
15d
20d
25d
30d
(a)
(b)
(c)

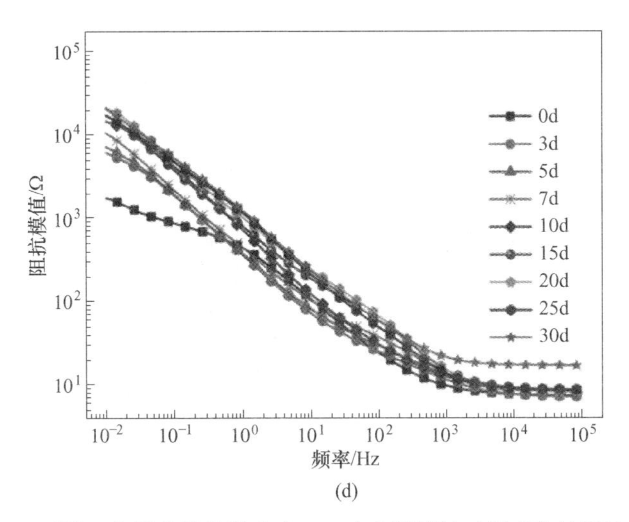

(d)

图 5-8 不同 Y 含量的最终退火态 B10 合金随腐蚀时间变化的阻抗 Bode

(a) S1：0%Y；(b) S2：0.0039%Y；(c) S3：0.021%Y；(d) S4：0.053%Y

图 5-9 所示为不同稀土 Y 含量最终退火态 B10 合金随腐蚀时间变化的相位角 Bode 图，整体来看，S1 样品的相位角 Bode 图与其他 3 个样品的不同，在整个浸泡周期内，S1 样品都只有一个相位角峰值，而其他 3 个样品随浸泡时间的延长，都由一个相位角峰值转变为两个峰值，但不同稀土 Y 含量的样品出现两个峰值的浸泡时间不同，S2 样品在浸泡 20d 时才出现两个相位角峰值；S4 样品在浸泡 7d 时开始出现两个相位角峰值，但 15d 后才出现明显的双峰；而稀土 Y 含量为 0.021%的 S3 样品从 3d 至 30d，始终存在两个相位角峰值，且随浸泡时间延长，相位角峰值不断增大。从双层膜的角度分析上述结果可知，稀土 Y 的添加促进了双层腐蚀产物膜的形成，稀土 Y 含量较低和较高的 S2 与 S4 样品表面虽然形成了双层膜结构，但在腐蚀后期才形成双层腐蚀产物膜，S4 样品还可能在腐蚀后期发生了严重的膜层脱落现象，稀土 Y 含量为 0.021%的 S3 样品最早形成具有保护性的双层腐蚀产物膜，且膜层稳定性好，能有效防止基体发生进一步腐蚀。

图 5-10 为不同稀土 Y 含量最终退火态 B10 合金随腐蚀时间变化的 Nyquist 图，从图中可以看出，S1 样品的容抗弧曲率明显大于其他 3 个样品，即容抗弧半径较小，由纵坐标值的大小可知，添加稀土 Y 的 S2~S4 样品的容抗弧半径明显大于未添加稀土 Y 的 S1 样品，其中 S3 样品的容抗弧半径最大。从纵向分析，对于 S1 样品，浸泡时长从 0d 到 7d，容抗弧半径逐渐增大，到 7d 时容抗弧半径达到一个较高的值，但从 10d 至 20d，容抗弧半径剧烈下降，这一过程可能是早期腐蚀产物的破裂与脱落过程或是腐蚀产物孔隙率增大的原因，25d 至 30d，容抗弧半径又逐渐增大，30d 时容抗弧半径最大，说明有腐蚀产物再生现象。S2 样

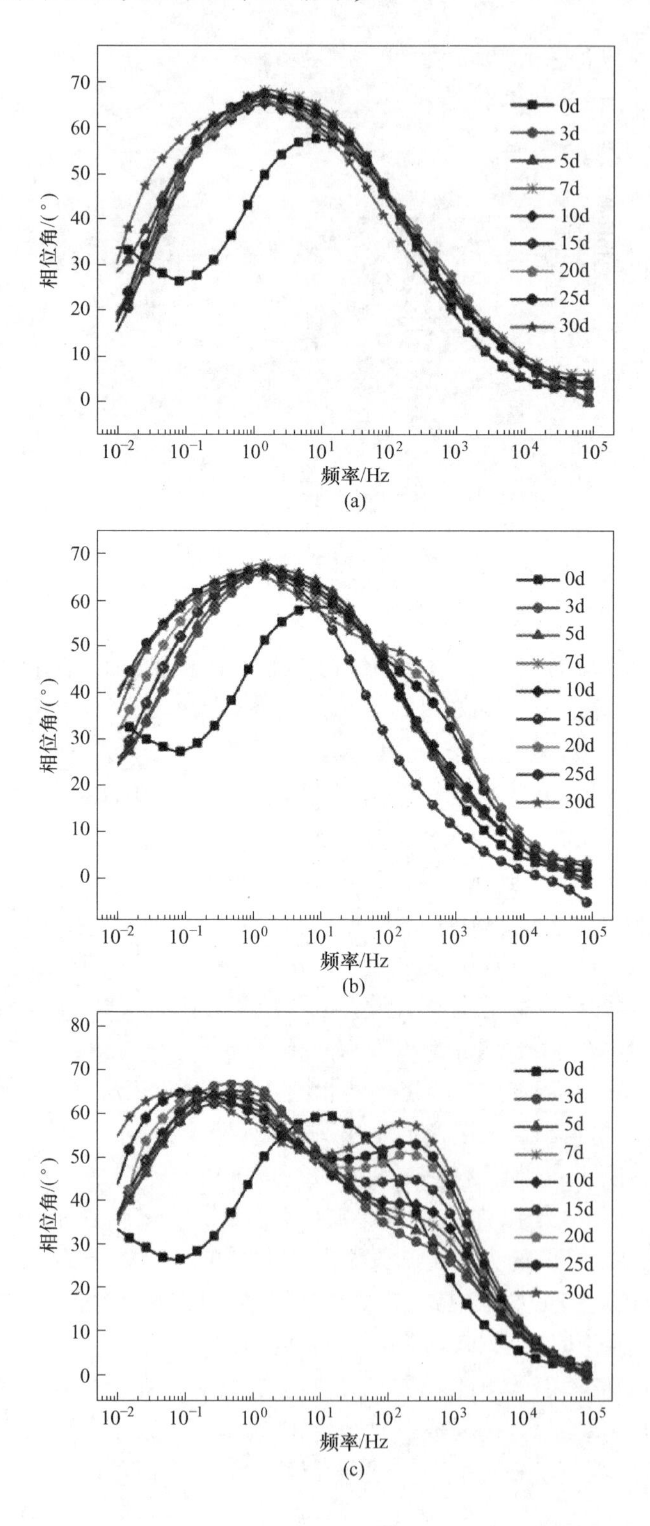

70
60
50
40
30
20
10
0
相位角/(°)
10^{-2}
10^{-1}
10^{0}
10^{1}
10^{2}
10^{3}
10^{4}
10^{5}
频率/Hz
0d
3d
5d
7d
10d
15d
20d
25d
30d
(a)
70
60
50
40
30
20
10
0
相位角/(°)
10^{-2}
10^{-1}
10^{0}
10^{1}
10^{2}
10^{3}
10^{4}
10^{5}
频率/Hz
0d
3d
5d
7d
10d
15d
20d
25d
30d
(b)
80
70
60
50
40
30
20
10
0
相位角/(°)
10^{-2}
10^{-1}
10^{0}
10^{1}
10^{2}
10^{3}
10^{4}
10^{5}
频率/Hz
0d
3d
5d
7d
10d
15d
20d
25d
30d
(c)

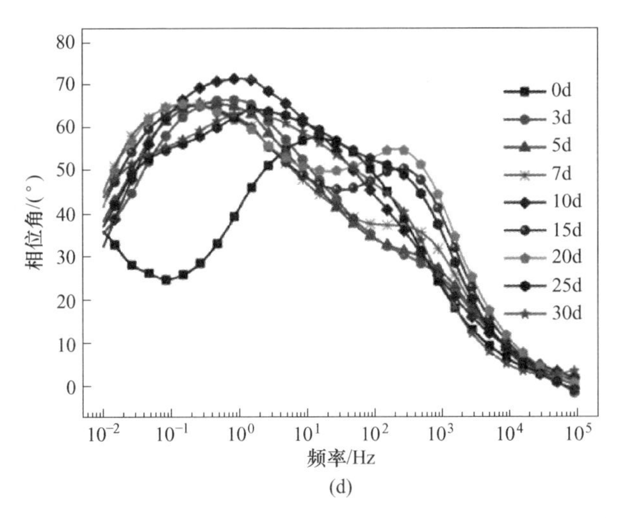

图 5-9 不同 Y 含量的最终退火态 B10 合金随腐蚀时间变化的相位角 Bode 图

(a) S1: 0%Y; (b) S2: 0.0039%Y; (c) S3: 0.021%Y; (d) S4: 0.053%Y

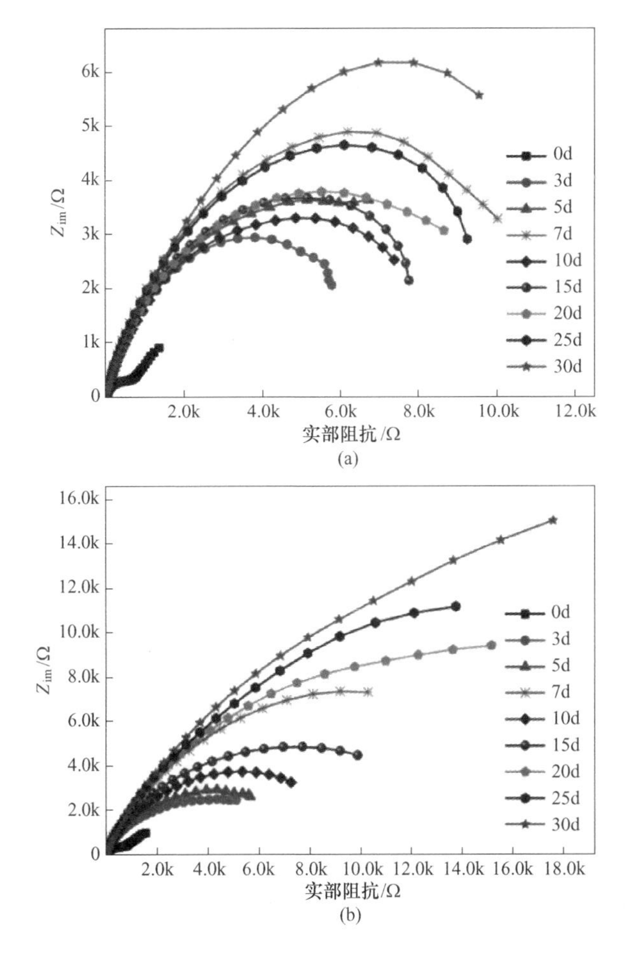

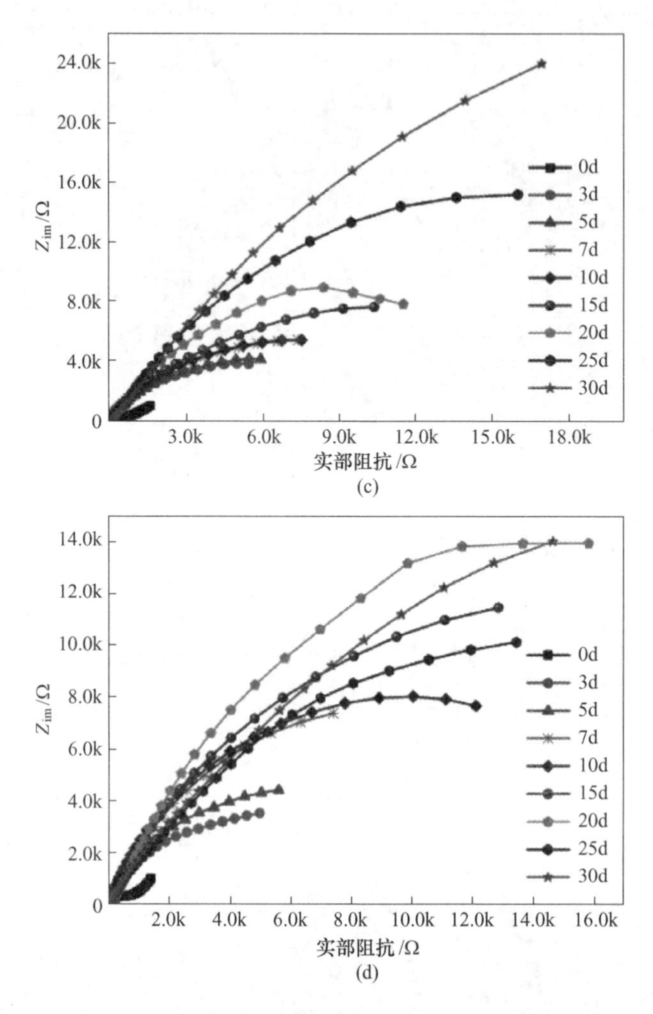

(c)

(d)

图 5-10　不同 Y 含量的最终退火态 B10 合金随腐蚀时间变化的 Nyquist 图

(a) S1：0%Y；(b) S2：0.0039%Y；(c) S3：0.021%Y；(d) S4：0.053%Y

品的容抗弧半径随浸泡时长的变化规律与 S1 相似，但 S2 样品的容抗弧半径从 20d 开始又逐渐增大，结合相位角 Bode 图的结果可知，S2 样品在浸泡 20d 时形成了稳定的双层膜结构。S3 样品的容抗弧半径随浸泡时间的延长不断增大，尤其是浸泡时间大于 20d 后，容抗弧半径显著增大，浸泡 30d 时，其容抗弧半径并未出现下降的趋势，说明稀土 Y 含量为 0.021%的 S3 合金，其表面的腐蚀产物膜在 30d 浸泡周期内致密度和稳定性都在不断增加，能有效保护基体不受 Cl^- 的进一步侵蚀，即稀土 Y 含量为 0.021%时，对最终退火态 B10 合金耐蚀性能的作用效果最佳。

根据4个样品在30d浸泡周期内电化学阻抗的变化规律，在不同的腐蚀阶段选择具有代表性的数据分析电化学阻抗随稀土Y含量的变化规律，结果如图5-11所示。

图5-11（a）所示为浸泡0d的Nyquist图，4个样品在高频区的容抗弧半径差异很小，S2和S3样品的容抗弧半径略微大于S1和S4样品，与均匀化态相同，腐蚀初期的电化学反应由电荷传递过程和溶解氧扩散过程共同控制。这是由于在腐蚀初期，各种离子直接或容易穿过腐蚀产物膜与基体接触，腐蚀速率最大，所以腐蚀初期腐蚀过程也受扩散过程控制。图5-11（b）所示为浸泡0d的Bode图，由图5-11（b）可知，4个样品的阻抗模值与相位角峰值无明显差异。

图5-11（c）所示为浸泡5d的Nyquist图，与图5-11（a）不同的是，Warburg阻抗消失，容抗弧半径显著增大，这是由于合金表面逐渐形成了腐蚀产物膜，使得膜内扩散受阻，对合金起到了一定的保护作用，扩散过程的作用减弱甚至消失，此时合金的电化学反应主要受电荷转移过程控制。稀土Y含量较高的S3和S4样品容抗弧半径明显大于S1和S2样品，说明在这一腐蚀阶段，稀土Y含量较高的合金耐蚀性能优势明显。图5-11（d）中4个样品的相位角Bode图存在明显差异，稀土Y含量较高的S3和S4样品，在中高频区开始出现两个相位角峰值，这主要是由于合金表面形成了具有双层结构的腐蚀产物膜，这也是S3和S4合金容抗弧半径大，耐蚀性能优越的主要原因，表明适量的稀土Y能促进合金表面具有保护性腐蚀产物的形成。

图5-11（e）所示为浸泡7d的Nyquist图，在这一腐蚀阶段，添加了稀土Y的S2、S3、S4样品的容抗弧半径明显大于S1样品，与浸泡5d的结果相比，S2样品也表现出优于S1样品的耐蚀性能，说明稀土Y含量较低的样品对电化学阻抗不敏感，浸泡时间较长时才逐渐表现出较好的耐蚀性能；同时，S3样品在浸泡7d后，表现出最优的耐蚀性能。图5-11（f）中相位角Bode图显示，S3和S4样品有两个明显的相位角峰值，而S2样品虽然容抗弧半径明显增大，但在相位角Bode图仍为一个相位角峰值，说明S2合金表面腐蚀产物层结构没有改变，可能是膜层致密度增大才导致耐蚀性能提高。

图5-11（g）所示为浸泡30d的Nyquist图，浸泡30d后，S3样品的容抗弧半径最大，且明显优于其他3个样品，S2和S4样品的容抗弧半径几乎无差异，S1样品的容抗弧半径最小。图5-11（h）中阻抗Bode图显示，在低频区S1样品的阻抗模值明显小于其他3个样品，相位角Bode图显示，S2、S3、S4样品都有两个相位角峰值，而S1样品在浸泡30d时，仍只有一个相位角峰值，表明稀土Y能促进最终退火态B10合金表面双层腐蚀产物膜的形成。

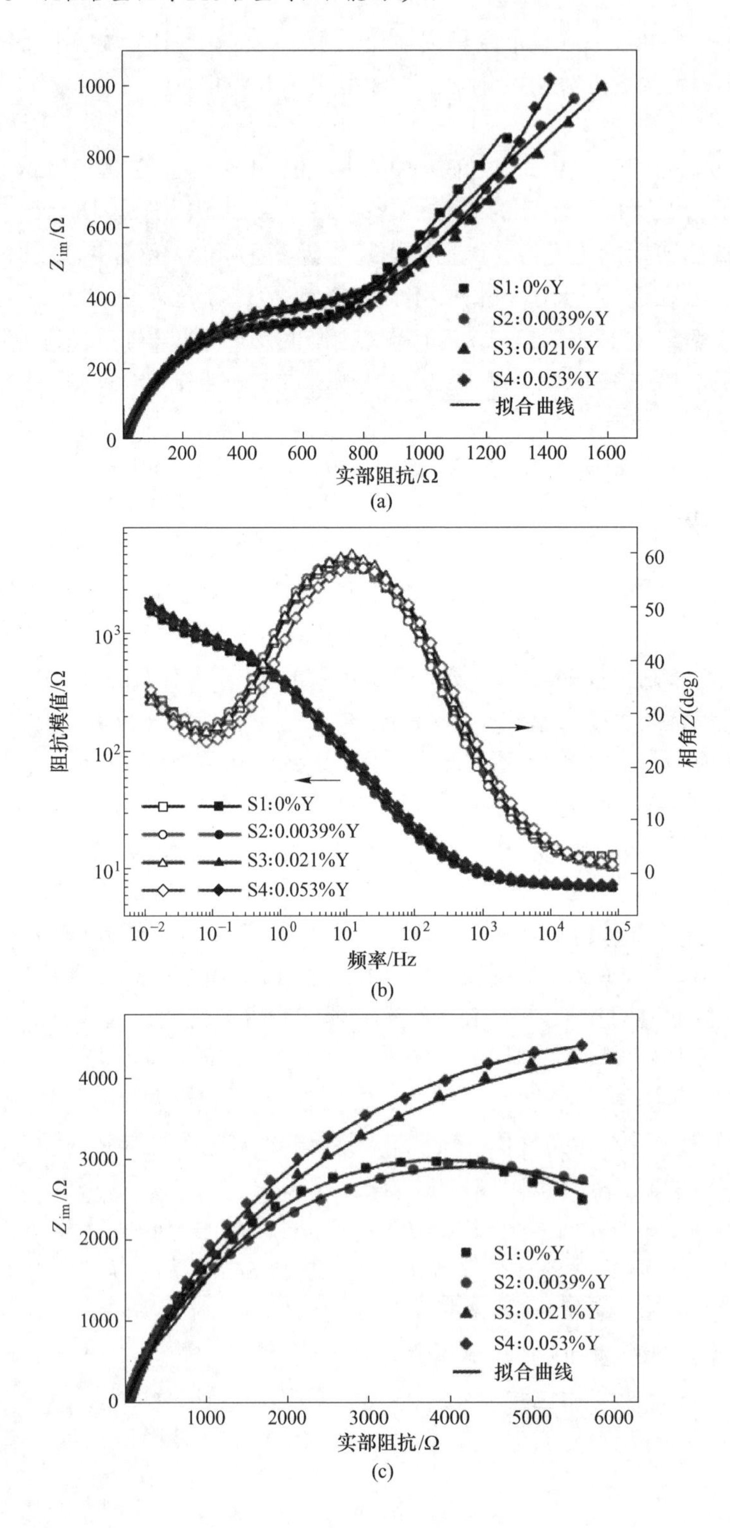

1000
800
600
400
200
0
Z_{im}/Ω
200
400
600
800
1000
1200
1400
1600
实部阻抗/Ω
S1:0%Y
S2:0.0039%Y
S3:0.021%Y
S4:0.053%Y
拟合曲线
(a)
阻抗模值/Ω
10^3
10^2
10^1
相角Z(deg)
60
50
40
30
20
10
0
10^{-2}
10^{-1}
10^0
10^1
10^2
10^3
10^4
10^5
频率/Hz
S1:0%Y
S2:0.0039%Y
S3:0.021%Y
S4:0.053%Y
(b)
4000
3000
2000
1000
0
Z_{im}/Ω
1000
2000
3000
4000
5000
6000
实部阻抗/Ω
S1:0%Y
S2:0.0039%Y
S3:0.021%Y
S4:0.053%Y
拟合曲线
(c)

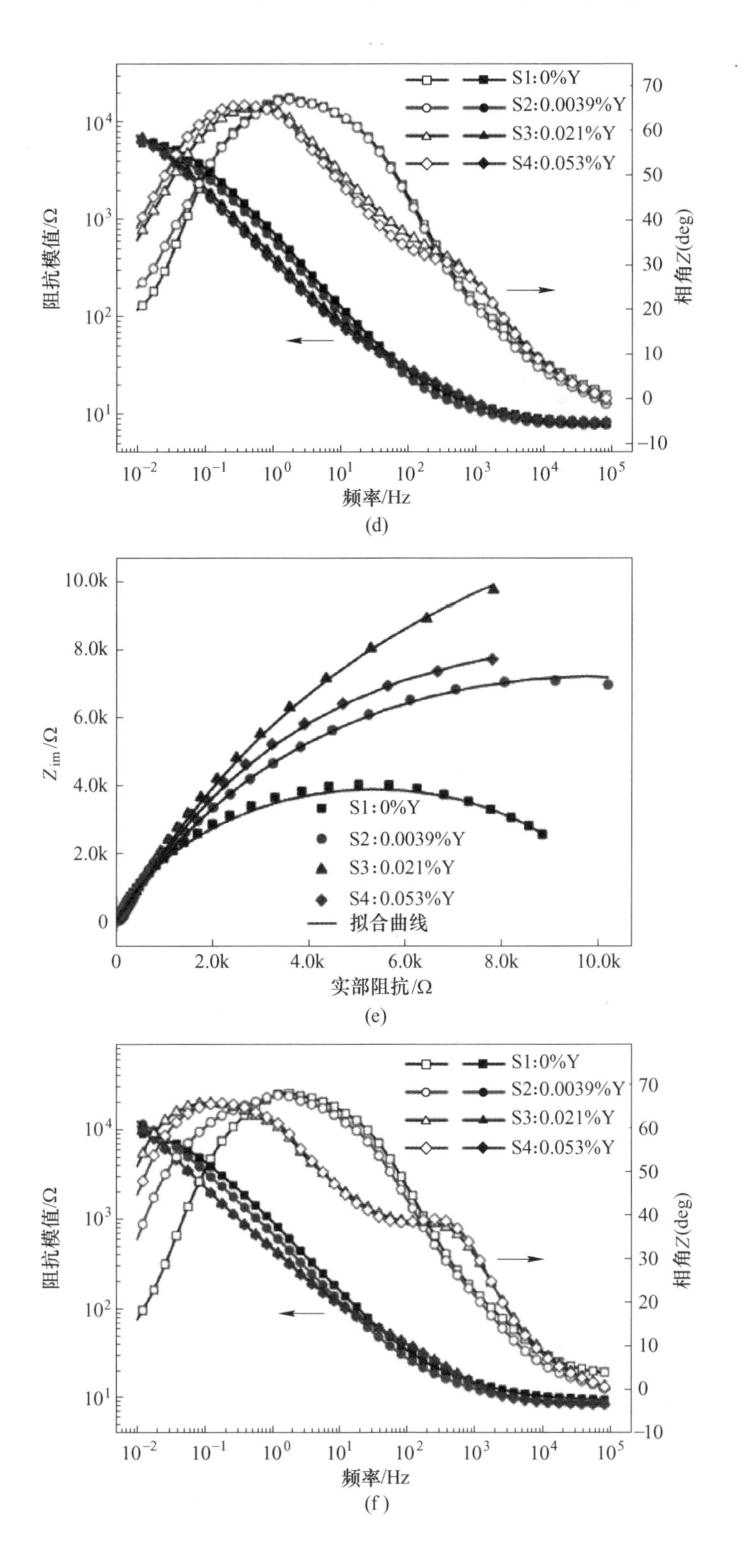

S1:0%Y
S2:0.0039%Y
S3:0.021%Y
S4:0.053%Y
阻抗模值/Ω
相角Z(deg)
频率/Hz
Z im/Ω
实部阻抗/Ω
拟合曲线

(d)

(e)

(f)

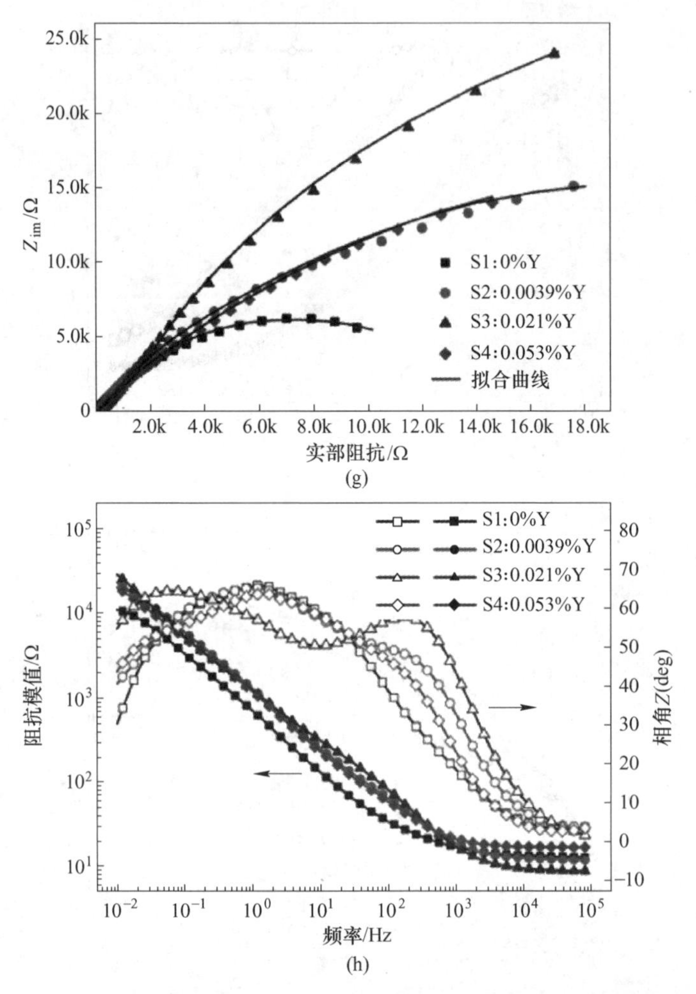

图 5-11　不同腐蚀阶段的最终退火态 B10 合金随 Y 含量变化的 Nyquist 图和 Bode 图
(a)(b)0d;(c)(d)5d;(e)(f)7d;(g)(h)30d

利用图 5-6 所示的等效电路拟合最终退火态样品的电化学阻抗谱，图 5-11（a）（c）（e）（g）中的黑色实线为等效电路拟合曲线，从图 5-11 中可以发现，拟合曲线和实验数据重合度较高，拟合数据见表 5-5 和表 5-6，表中χ^2值的数量级均为10^{-4}，说明拟合精度较高，两个等效电路的使用是合理的。分析浸泡 0d 的拟合结果，用电荷转移电阻 R_{ct}和电容 C_{ct}随稀土 Y 含量的变化规律反映浸泡初期腐蚀速率的大小，由表 5-5 可知，R_{ct}先增大后减小，C_{ct}先减小后增大，因此腐蚀速率随稀土 Y 含量先减小后增大，稀土 Y 含量为 0.021%时，腐蚀速率最小，这与极化曲线预测的结果一致。其次，R_{total}随稀土 Y 含量的增加先增大后减小，说明添加稀土 Y

后，电荷转移电阻和薄膜电阻都有增大现象。由表 5-6 所示，电荷转移电阻 R_{ct} 随浸泡时间延长呈增大趋势，电容 Q_{ct} 随浸泡时间延长逐渐减小，说明氯离子等穿过膜层的阻力随浸泡时间延长逐渐增大；同时，膜层电阻 R_{f1} 和 R_{f2} 随腐蚀时间延长也逐渐增大，这是膜层厚度增加和膜层结构改变的结果；另外，Q_1 和 Q_2 是反映膜层致密度的参数，其值随浸泡时间延长而减小表明内层膜致密度逐渐提高。对于不同稀土 Y 含量的样品，电荷转移电阻 R_{ct}、膜层电阻 R_{f1} 和 R_{f2} 都随稀土 Y 含量增加呈先增大后减小的趋势，此外，各样品的 Q_2 值都小于 Q_1，这说明内层膜比外层膜更致密；膜层总阻值 R_{total} 在各浸泡阶段随稀土 Y 含量增加先增大后减小，稀土 Y 含量为 0.021%的 S3 样品在整个浸泡周期内都表现出优异的耐蚀性能，特别是浸泡 30d 时，S3 样品表面膜层的总阻值比其他 3 个样品的大了一个数量级，表明 S3 样品表面的腐蚀产物能有效阻止 Cl^- 等腐蚀性离子对基体的侵蚀。

表 5-5 最终退火态 B10 合金腐蚀 0d 的电化学阻抗等效电路拟合结果

样品	R_s /Ω · cm^2	$C_{ct}\times10^{-3}$ /F · cm^{-2}	$W\times10^{-3}$ /Ω^{-1} · cm^{-2} · s$^{-0.5}$	R_{ct} /Ω · cm^2	$Q_1\times10^{-4}$ /F · cm^{-2}	n_1	R_{f1} /Ω · cm^2	R_{total} /Ω · cm^2	$\chi^2\times10^{-4}$
0%Y	6.816	12.47	6.773	19.92	5.854	0.8076	561.3	581.22	1.879
0.0039%Y	6.986	6.534	18.44	65.19	6.088	0.8130	586.0	651.19	1.708
0.021%Y	6.964	3.347	22.38	84.14	5.188	0.7924	688.9	773.04	1.034
0.053%Y	7.225	3.825	18.75	34.26	4.829	0.7762	631.4	665.66	2.544

表 5-6 最终退火态 B10 合金腐蚀 5d，7d，30d 的电化学阻抗等效电路拟合结果

腐蚀时间	样品	R_s /Ω · cm^2	$Q_{ct}\times10^{-4}$ /F · cm^{-2}	n_{ct}	R_{ct} /Ω · cm^2	$Q_1\times10^{-4}$ /F · cm^{-2}	n_1	R_{f1} /Ω · cm^2	$Q_2\times10^{-4}$ /F · cm^{-2}	n_2	R_{f2} /Ω · cm^2	R_{total} /Ω · cm^2	$\chi^2\times10^{-4}$
5d	0%Y	7.667	9.226	0.8753	426	7.241	0.9532	947.1	6.025	0.5043	4350	5723	2.338
	0.0039%Y	6.760	4.396	0.7251	439.5	6.449	0.7657	2210	5.412	0.6747	5456	8106	2.150
	0.021%Y	7.634	2.062	0.6556	824.4	4.149	0.7520	2893	3.249	0.2436	9288	13005	6.342
	0.053%Y	7.489	3.757	0.7522	908.2	4.965	0.7907	2253	3.559	0.5323	11330	14491	2.312
7d	0%Y	7.923	5.292	0.8831	951	8.394	0.7382	2301	8.268	0.7904	7515	10767	9.651
	0.0039%Y	8.968	3.481	0.7865	1431	6.244	0.8601	3434	5.009	0.6434	11580	16445	8.342
	0.021%Y	8.406	1.739	0.7211	3492	3.111	0.6818	5872	2.702	0.7321	25990	35354	6.629
	0.053%Y	8.259	2.110	0.8371	2267	6.512	0.6478	7537	3.154	0.8625	12637	22441	7.579
30d	0%Y	12.38	4.738	0.8972	922.2	6.832	0.9039	9582	4.733	0.5441	22070	32574	1.394
	0.0039%Y	11.01	3.104	0.7963	4426	4.314	0.8821	7443	3.713	0.6259	44530	56399	3.147
	0.021%Y	8.474	1.425	0.7580	4733	2.159	0.8627	15000	1.458	0.6706	86260	105993	1.180
	0.053%Y	16.23	1.763	0.6929	3612	4.166	0.7896	6643	3.612	0.6493	45730	55985	1.769

5.3　本章小结

本章利用极化曲线与电化学阻抗谱研究了 B10 合金均匀化退火态及最终退火态的电化学腐蚀性能，分析了稀土 Y 含量对 B10 合金耐蚀性能的影响，得出如下结论：

(1) 在腐蚀初期，均匀化退火态及最终退火态 B10 合金的腐蚀过程都由电化学过程和扩散过程共同控制，且两种状态的合金在腐蚀初期的腐蚀倾向性及腐蚀速率都随稀土 Y 含量增加先减小后增大，稀土 Y 含量为 0.021%的 S3 合金腐蚀倾向性及腐蚀速率都最小。

(2) 稀土 Y 促进了均匀化退火态 B10 合金表面具有保护性的双层腐蚀产物膜的形成，随稀土 Y 含量的增加，均匀化退火态 B10 合金的耐蚀性能先提高后降低，稀土 Y 含量为 0.021%的 S3 合金耐蚀性能最好，浸泡 30d 后，S3 合金膜层总阻值为 $1634k\Omega \cdot cm^2$，远大于其他 3 个合金，比 S1 和 S2 合金的大了两个数量级，比 S4 合金大了一个数量级。

(3) 稀土 Y 对最终退火态 B10 合金的耐蚀性能有显著的提高作用，随稀土 Y 含量的增加，最终退火态 B10 合金的耐蚀性能先提高后降低，稀土 Y 含量为 0.021%的 S3 合金耐蚀性能最好，在 30d 浸泡周期内，随腐蚀时间延长，S3 合金的膜层总阻值不断增大，30d 时膜层总阻值为 $106k\Omega \cdot cm^2$，比其他 3 个样品的大了一个数量级。

6 钇微合金化 B10 合金腐蚀产物膜研究及耐蚀机理

根据第 5 章研究结果可知，适量的稀土 Y 有利于提高 B10 合金的耐蚀性能，且不同稀土 Y 含量合金的耐蚀性能差异明显，这可能与样品表面腐蚀产物层的致密性，与基体的结合紧密度有关。因此，本章对不同稀土 Y 含量的 B10 合金在 3.5% NaCl 溶液中浸泡 30d 后，样品表面形成的腐蚀产物层进行分析介绍，利用扫描电子显微镜表征了腐蚀产物层的微观形貌，利用 X 射线衍射仪分析了腐蚀产物的表面成分，并利用 X 射线光电子能谱分析各元素在腐蚀产物层剖面上的分布。同时，结合第 3 章中稀土 Y 对 B10 合金组织特征的影响，初步介绍稀土 Y 在 B10 合金中的耐蚀机理。

6.1 钇微合金化 B10 合金均匀化退火态腐蚀产物膜

第 5 章中对 B10 合金均匀化退火态腐蚀性能的研究表明，稀土 Y 促进了均匀化退火态 B10 合金表面双层腐蚀产物膜的形成，且均匀化退火态 B10 合金的耐蚀性能随稀土 Y 含量的增加先提高后降低，本节对均匀化退火态 B10 合金的腐蚀产物层进行分析，从腐蚀产物对基体的保护作用方面阐述稀土 Y 对均匀化退火态 B10 合金耐蚀性能的影响机理。

6.1.1 均匀化退火态腐蚀产物膜形貌分析

图 6-1 所示为均匀化退火态 B10 合金在 3.5%的 NaCl 溶液中浸泡 30d 后，样品的宏观腐蚀形貌。由图 6-1 可知，不同稀土 Y 含量样品表面形成的腐蚀产物的颜色存在差异性，随 Y 含量增加，腐蚀产物的颜色逐渐加深。各样品表面的腐蚀产物覆盖较完整，但均匀性各不相同，S1 样品的边缘处有黄褐色腐蚀斑点出现，S4 样品表面腐蚀产物的颜色比其他样品更深，呈浅褐色，且局部区域出现浅绿色腐蚀产物，而 S2 和 S3 样品表面的腐蚀产物均匀性较好，无明显的腐蚀斑点出现。

为进一步分析不同稀土 Y 含量 B10 合金腐蚀产物层的差异性，利用 SEM 观察了合金表面腐蚀产物的微观形貌，如图 6-2 所示。首先观察到不同 Y 含量的样品表面腐蚀产物层有不同程度的局部剥落现象，S1、S2 与 S4 样品表面的腐蚀产

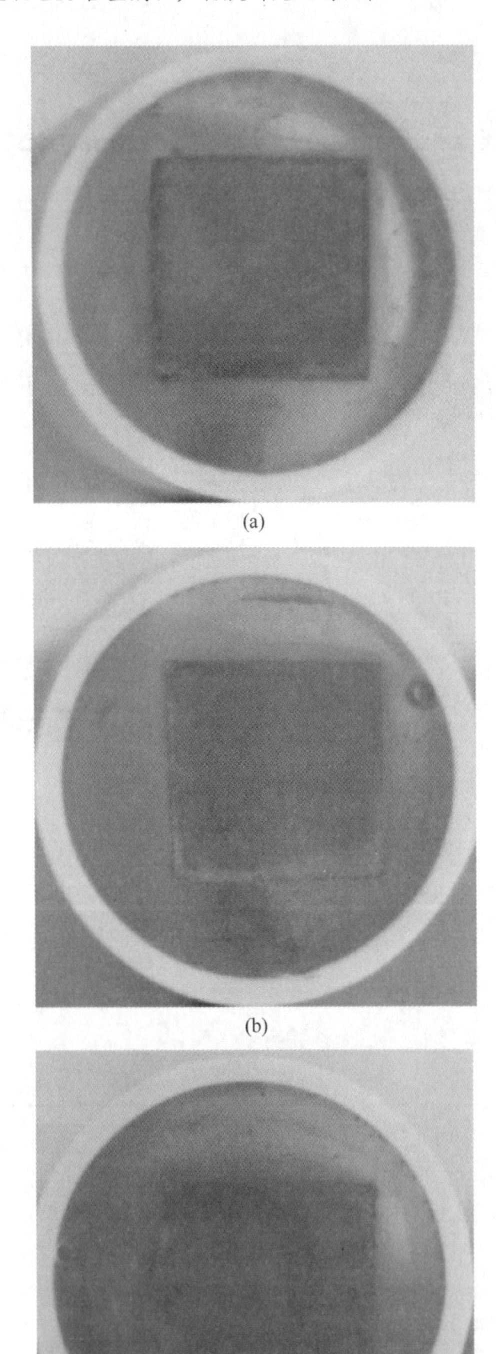

(a)

(b)

(c)

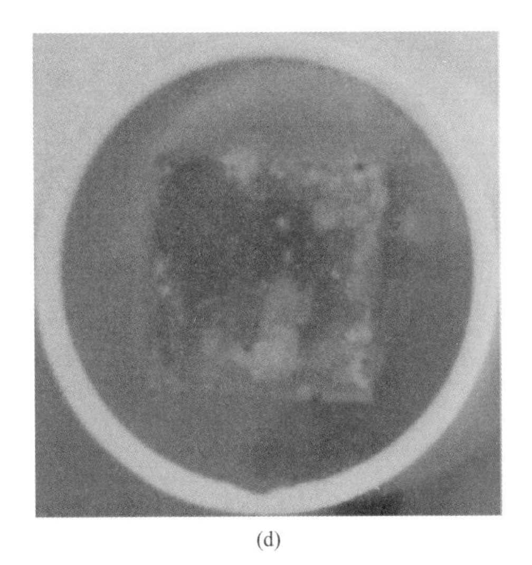

扫一扫看更清楚

(d)

图 6-1 均匀化退火态 B10 合金在 3.5% NaCl 溶液中浸泡 30d 的宏观腐蚀形貌

(a) S1；(b) S2；(c) S3；(d) S4

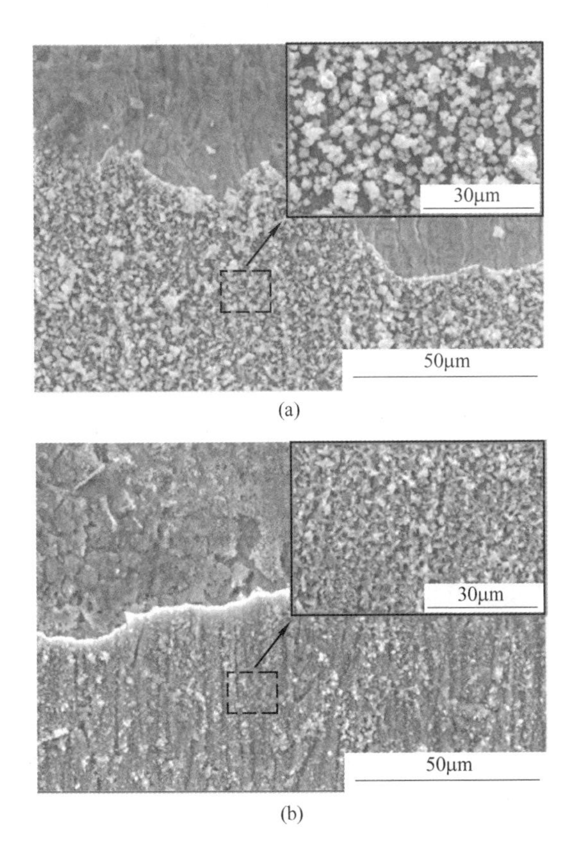

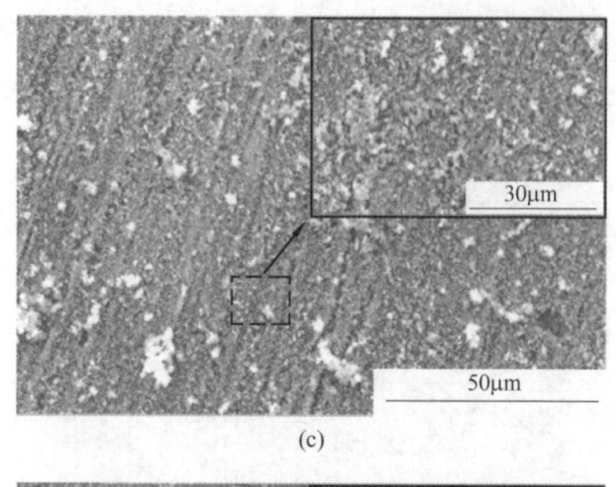

(c)

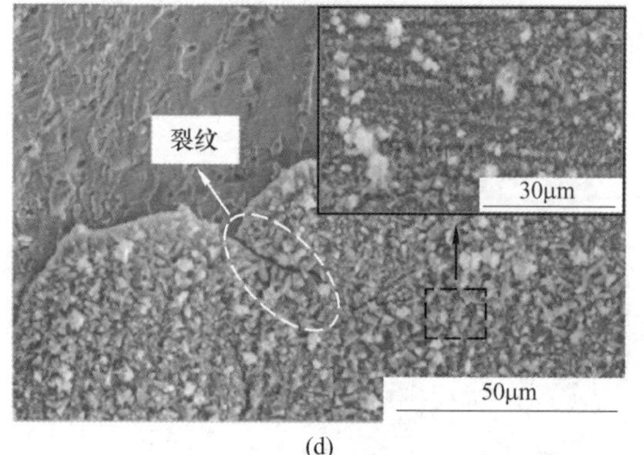

(d)

图 6-2　均匀化退火态 B10 合金在 3.5% NaCl 溶液中浸泡 30d 的 SEM 微观腐蚀形貌
(a) S1：0%Y；(b) S2：0.0039%Y；(c) S3：0.021%Y；(d) S4：0.053%Y

物膜都出现局部剥落，在 S4 样品表面还观察到膜层中有明显的裂纹，这些裂纹的存在与进一步扩展是导致膜层发生进一步脱落的主要原因，因此可判断 S4 样品表面浅褐色的腐蚀产物不利于保护基体不受 Cl^- 的进一步侵蚀；而 S3 样品表面未观察到明显的膜层剥落现象，表明稀土 Y 含量为 0.021%时，合金表面的膜层与基体结合较紧密。其次，还观察到各样品表面膜层的致密性存在差异，因此在较高倍数下观察了膜层的形貌，如图 6-2 右上角所示，S1 样品表面附着一层颗粒状腐蚀产物，尺寸约为 3~5μm，这些颗粒还存在团聚现象，形成 10~20μm 左右的颗粒团，且这些颗粒团之间孔隙较大；相较而言，添加稀土 Y 的 S2、S3 及 S4 样品表面没有观察到这种孔隙率较高的颗粒状腐蚀产物，而是呈密集分布的碎屑状，且这些碎屑的尺寸随稀土 Y 含量的增加先减小后增大，Y 含量为 0.021%时，腐蚀产物层的孔隙率最低，膜层最致密。

6.1.2 均匀化退火态腐蚀产物膜成分分析

从腐蚀形貌的结果中，可看出不同稀土Y含量合金的表面腐蚀形貌有明显差异，为进一步研究稀土Y对合金表面腐蚀产物的影响，利用XRD分析了腐蚀产物的表面成分，结果如图6-3所示，腐蚀产物的主要成分为Cu、$Cu_2(OH)_3Cl$和Cu_2O。其中，S1样品的腐蚀产物成分中除了Cu峰，以$Cu_2(OH)_3Cl$峰为主，Cu_2O峰很少，而添加了稀土Y的其他3个样品，Cu_2O峰相对较强，说明保护性差的$Cu_2(OH)_3Cl$层在S1样品表面更厚，而添加稀土Y的合金表面附着的$Cu_2(OH)_3Cl$层更少，检测到了较致密的具有保护性的Cu_2O层。在腐蚀反应过程中，基体Cu优先溶解并通过再沉积形成Cu_2O，其反应过程见式（6-1）和式（6-2）。而$Cu_2(OH)_3Cl$是由Cu_2O膜厚度增加后与表面吸附的Cl^-反应生成的，其形成过程见式（6-3）。XRD的结果表明，稀土Y能有效抑制Cu_2O向$Cu_2(OH)_3Cl$的转变反应过程，这可能是因为稀土Y对Cl^-扩散的抑制作用。

$$Cu + 2Cl^- \rightleftharpoons CuCl_2^- + e^- \tag{6-1}$$

$$CuCl_2^- + 2OH^- \rightleftharpoons Cu_2O + H_2O + 4Cl^- \tag{6-2}$$

$$Cu_2O + Cl^- + 2H_2O \rightleftharpoons Cu_2(OH)_3Cl + H^+ + 2e^- \tag{6-3}$$

XRD图谱中检测到很强的Cu峰，有关文献报道，Cu峰的存在有两种可能：一是来源于腐蚀产物层之下的合金基体，二是来源于腐蚀产物层中，在腐蚀反应的过程中溶解的铜基体会有一部分Cu^{2+}被还原为Cu而存在于腐蚀产物层中。

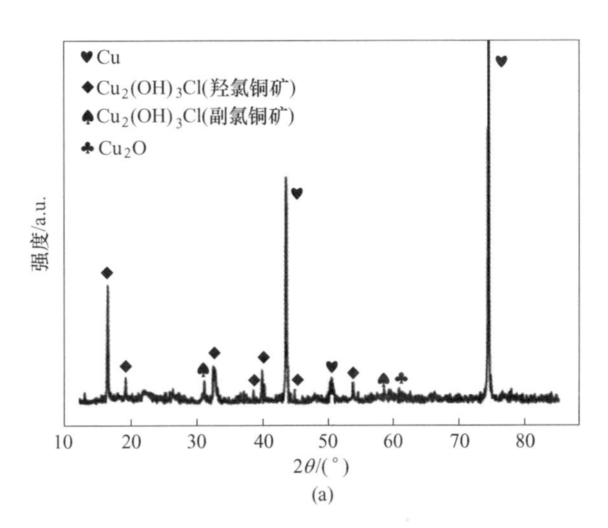

(a)

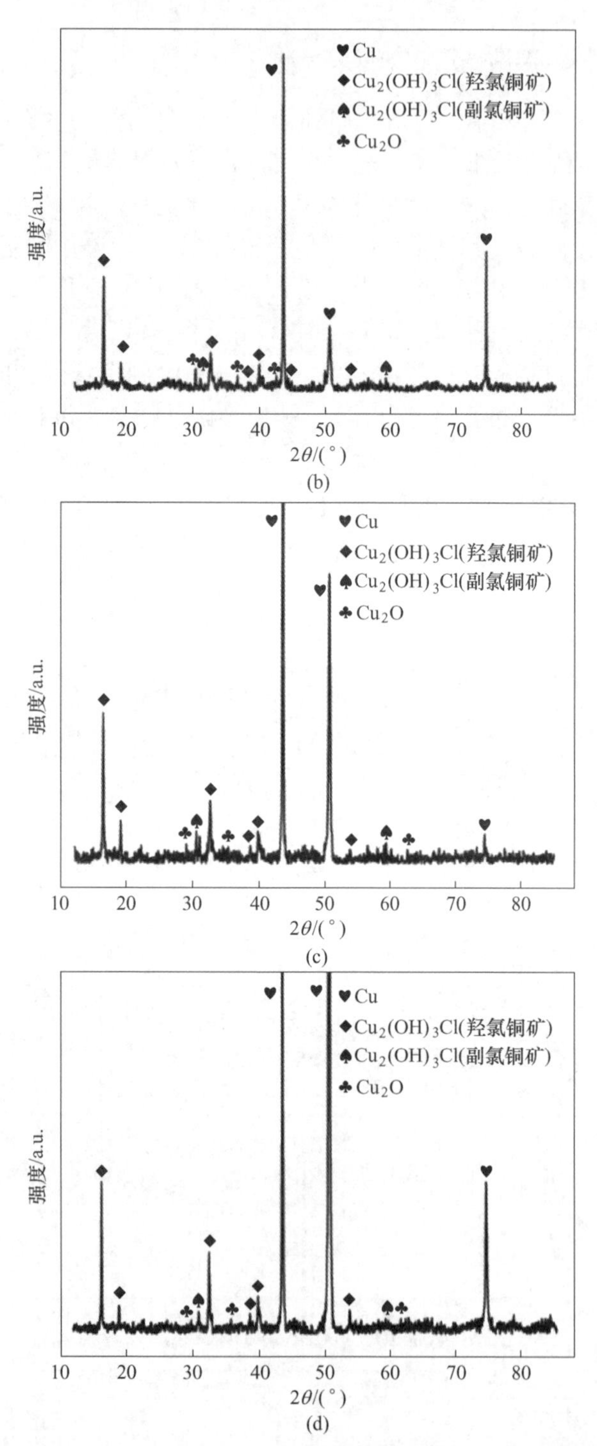

图 6-3　均匀化退火态 B10 合金在 3.5% NaCl 溶液中浸泡 30d 的腐蚀产物 XRD 图谱

(a) S1：0%Y；(b) S2：0.0039%Y；(c) S3：0.021%Y；(d) S4：0.053%Y

$Cu_2(OH)_3Cl$ 以羟氯铜矿（Paratacamite）和副氯铜矿（Botallackite）两种晶型存在，这两种晶型区别在于，羟氯铜矿的形成自由能最低，稳定性最差，但在化学反应过程中优先形成，但副氯铜矿是最稳定的相，当某些 Cu^{2+} 的位置被 Ni^{2+} 取代时，亚稳态的羟氯铜矿会向稳定的副氯铜矿转变。因此，XRD 图谱中虽未检测到 Ni 的化合物，但副氯铜矿的存在说明 Ni^{2+} 作为掺杂剂存在于铜的化合物中。另有文献报道称，腐蚀产物膜中一定存在 Ni 的化合物，XRD 未检测到可能是以非晶态形式存在于膜层中。

根据第5章中稀土 Y 含量对 B10 合金耐蚀性能的影响规律，选择耐蚀性能最差和最好的 S1 和 S3 合金来分析浸泡 30d 后样品表面腐蚀产物层的剖面成分。图 6-4 所示为对合金表面腐蚀产物膜溅射 0nm 和 200nm 的 XPS 全谱图，由图 6-4 可

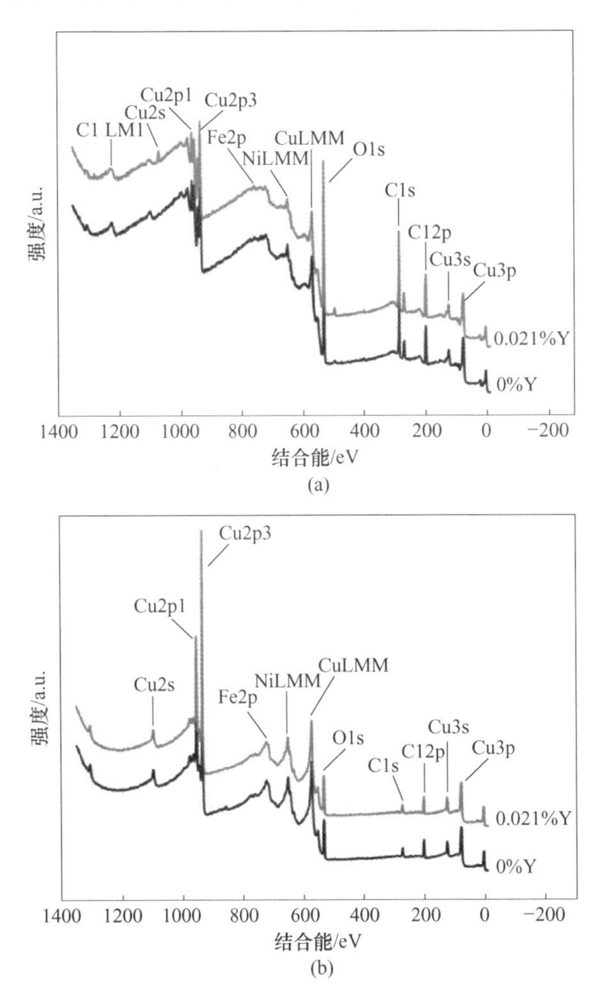

图 6-4　不同 Y 含量均匀化态 B10 合金的腐蚀产物膜溅射的 XPS 全谱图

（a）0nm；（b）200nm

知，不同稀土 Y 含量的样品的腐蚀产物层中都检测到 Cu、Ni、Fe、O、Cl 以及 C 的元素峰，说明合金的腐蚀产物膜主要由基体元素 Cu、Ni、Fe 与 O、Cl 元素结合形成的氧化物及氯化物组成，C 元素主要来自于测试过程中真空碳的污染。另外，比较不同溅射深度的 XPS 全谱图可知，表层（溅射 0nm）O、Cl 元素的峰更强，这与表层的 $Cu_2(OH)_3Cl$ 有关；溅射深度为 200nm 时，Cu、Ni 元素的峰很强，而 O、Cl 元素的峰明显减弱。因此需对不同溅射深度各元素在膜层中的分布做进一步分析。

图 6-5 所示为合金腐蚀产物膜中各元素含量随溅射深度的变化规律，在溅射深度为 0nm、50nm、100nm、150nm、200nm 时，S1 和 S3 样品的 Cu、O 元素含量随溅射深度的变化规律相似，即表层和溅射 50nm 深度的成分相差较大，溅射

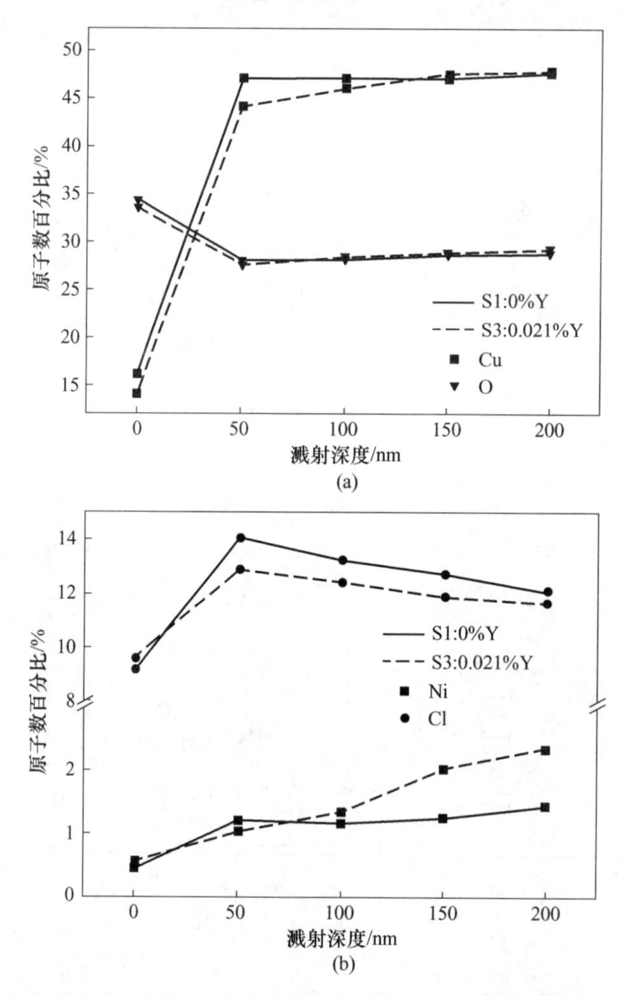

图 6-5　不同 Y 含量均匀化态 B10 合金腐蚀产物膜中各元素含量随溅射深度的变化
（a）Cu、O 元素；（b）Ni、Cl 元素

50nm之后膜层的成分趋于稳定。Cl元素的含量在溅射深度为50nm时最高，之后随溅射深度增加，Cl含量逐渐降低，同时，稀土Y含量为0.021%的S3样品的Cl含量在膜层中始终低于无稀土Y的样品。Ni元素的含量在表层最低，溅射50nm之后Ni含量趋于稳定或有上升趋势，稀土Y含量为0.021%的S3样品膜层中的Ni含量高于S1样品，而且100~200nm膜层中的Ni含量明显升高。S3样品的膜层中Ni含量较高，且第4章研究结果表明S3样品的耐蚀性能最好，这说明腐蚀产物膜中Ni元素的含量高是合金耐蚀性能优越的原因之一。另外，S3样品的膜层中Cl含量较低，说明了膜层中Ni的化合物会阻碍Cl元素的扩散。

图6-6所示为不同稀土Y含量B10合金的腐蚀产物膜中分别溅射0nm和200nm的Cu 2p高分辨图谱。溅射0nm的Cu 2p图谱中，存在很强的“携上”现象，在结合能分别为935eV和955eV的位置存在很强的Cu 2p3/2峰，其相应的

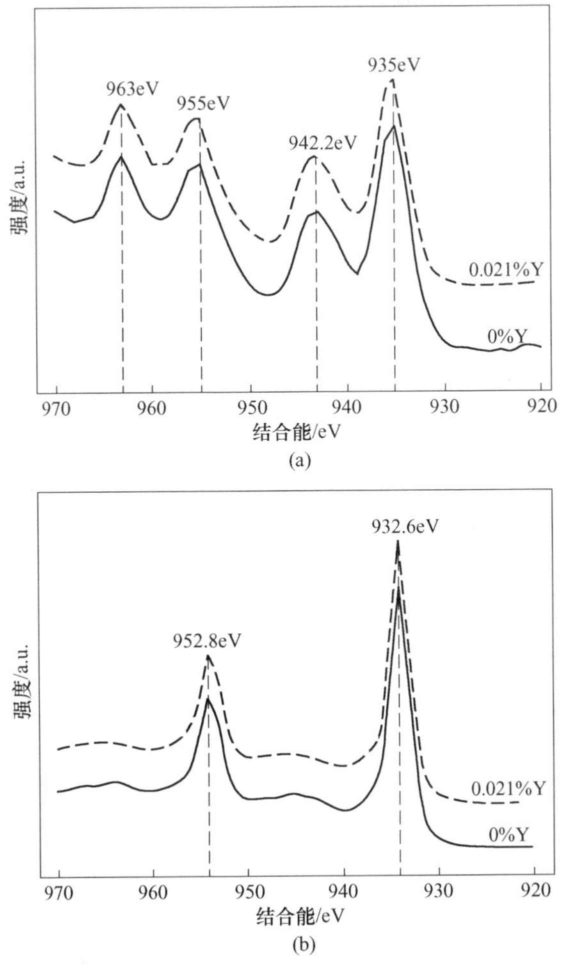

图6-6 不同Y含量均匀化态B10合金腐蚀产物膜溅射Cu 2p高分辨图谱
(a) 0nm；(b) 200nm

携上卫星峰的结合能分别为 942.2eV 和 963eV，据文献报道，“携上”现象是判定腐蚀产物膜中 $Cu_2(OH)_3Cl$ 存在的依据，这与 XRD 的结果一致。溅射 200nm 的 Cu 2p 谱图中没有“携上”现象，在结合能为 932.6eV 和 952.8eV 的位置存在 Cu_2O 的峰。结合 XRD 与 SEM 的结果表明，$Cu_2(OH)_3Cl$ 存在于腐蚀产物的最外层，且厚度仅有几个至几十个纳米厚。综上所述，腐蚀产物膜最外层的疏松大颗粒物中 Cu 元素的主要价态为 Cu^{2+}，而在疏松层之下的较致密的腐蚀产物层中 Cu 元素的主要价态为 Cu^{+}。

图 6-7、图 6-8 所示分别为溅射 0nm 和 200nm 的 Ni 2p 高分辨图谱，由于 Ni 谱线存在双峰性质，在拟合过程中引入双峰对，同时考虑到双峰的强度比、峰宽以及结合能差距（约 6eV）等因素。拟合结果显示，溅射 0nm 时，有稀土与无稀土的样品腐蚀产物膜中 Ni 的化学态是一致的，主要有 Ni、NiO、$Ni(OH)_2$三种，金属 Ni 的主峰结合能为 852.7eV，伴峰结合能为 858.4eV，NiO 的主峰结合能为 855.6eV，伴峰结合能为 861.1eV，$Ni(OH)_2$主峰结合能为 856.9eV，伴峰结合能为 863.2eV。溅射 200nm 后，腐蚀产物膜中 Ni 的化学态与溅射 0nm 时的化学态相同，但峰的强度更强，说明随溅射深度增加，Ni 含量也增大。因此，对不同溅射深度，膜层中 Ni 的三种化合物的相对含量进行统计，如图 6-9 所示，Ni 的三种化合物中金属 Ni 和 $Ni(OH)_2$含量较高，而 NiO 的含量较低，金属 Ni 在膜层中含量较高是由于 Ni 的腐蚀速率比 Cu 低两个数量级，在基体溶解过程中，Ni 以极低的腐蚀速率在膜层中累积。$Ni(OH)_2$的含量较高与 Ni 元素在 NaCl 溶液中的氧化反应及水解反应过程有关，见式（6-4），基体中的 Ni 与 Cl^-发生反应生成 $NiCl_2$，$NiCl_2$只是中间产物，在溶液中会发生水解反应，而且在中性 NaCl 溶液中，$Ni(OH)_2$是热力学稳定相，NiO 会进一步水解的反应过程：

$$Ni + 2Cl^- \rightleftharpoons NiCl_2 + 2e^- \tag{6-4}$$

$$NiCl_2 + H_2O \rightleftharpoons NiO + 2H^+ + 2Cl^- \tag{6-5}$$

$$NiO + H_2O \rightleftharpoons Ni(OH)_2 \tag{6-6}$$

XRD 与 XPS 技术均未在腐蚀产物膜中检测到稀土 Y，因此，利用同步辐射 X 射线荧光光谱进一步检测了膜层中的 Y 元素，结果如图 6-10 所示。由于引起 TEY 信号的俄歇电子的逃逸深度与荧光 X 射线的衰减长度相差数千倍，FLY 谱的检测深度约为 10μm，TEY 谱的检测深度约为 100~200nm，故而用 FLY 谱图反映样品基体的元素含量，用 TEY 谱图反映样品表面腐蚀产物膜中的元素含量。图 6-10（a）所示为归一化前均匀化退火态 S3 和 S4 合金中 Y 元素的 FLY 谱和 TEY 谱，归一化前峰的强度可反映元素的浓度，由图 6-10（a）可知，同步辐射 X 射线荧光光谱既检测到合金基体中有较高浓度的稀土 Y，还检测到膜层中存在微量的稀土 Y。图 6-10（b）所示为归一化后均匀化退火态 S3 和 S4 合金中 Y 元素的 FLY 谱和 TEY 谱，从归一化后的图谱中看，S3 和 S4 合金中 Y 元素的化学态相同，但由于没有 Y 元素的标准谱做对比，无法确定 Y 元素在膜层中的化合态。

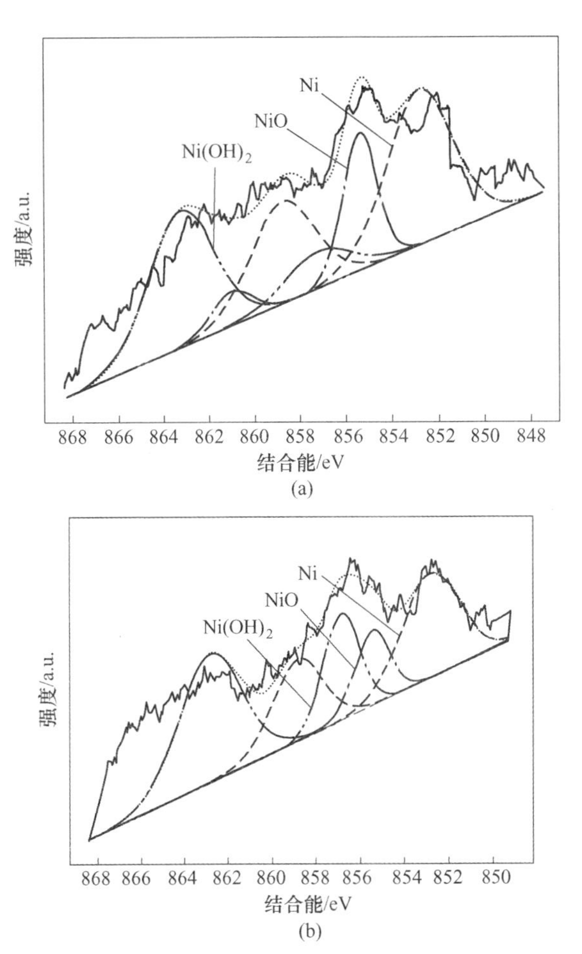

图 6-7 不同 Y 含量均匀化态 B10 合金的腐蚀产物膜溅射 0nm 的 Ni 2p 高分辨图谱

(a) S1：0%Y；(b) S3：0.021%Y

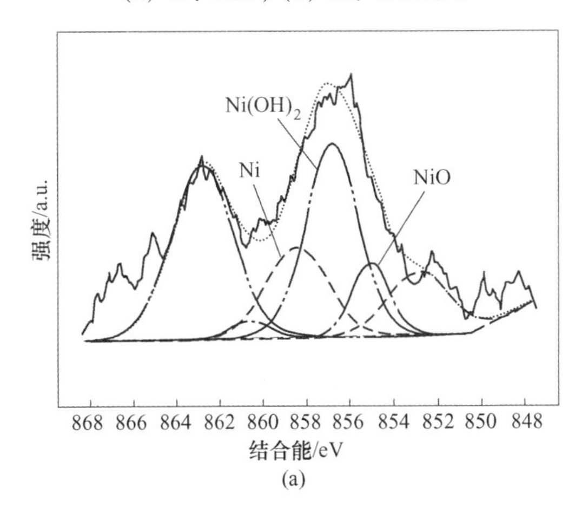

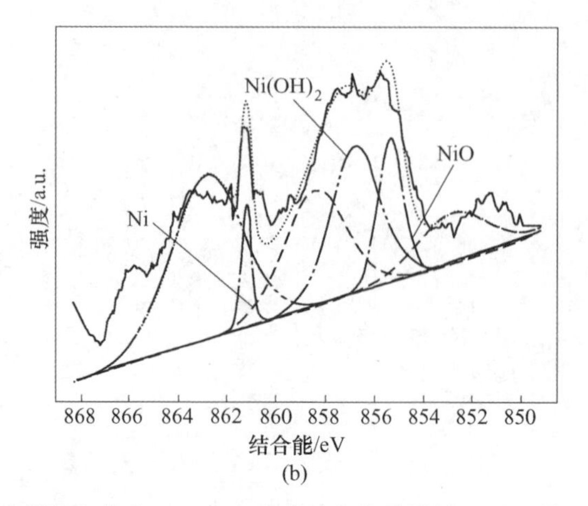

图 6-8　不同 Y 含量均匀化态 B10 合金的腐蚀产物膜溅射 200nm 的 Ni 2p 高分辨图谱

（a）S1：0%Y；（b）S3：0.021%Y

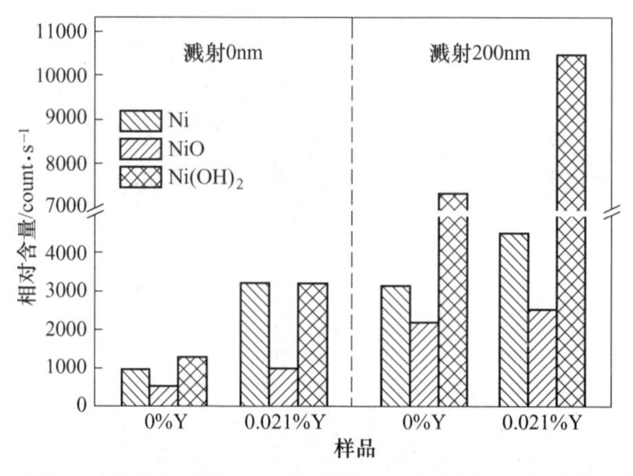

图 6-9　不同 Y 含量均匀化态 B10 合金腐蚀产物膜中 Ni 化合物的相对含量

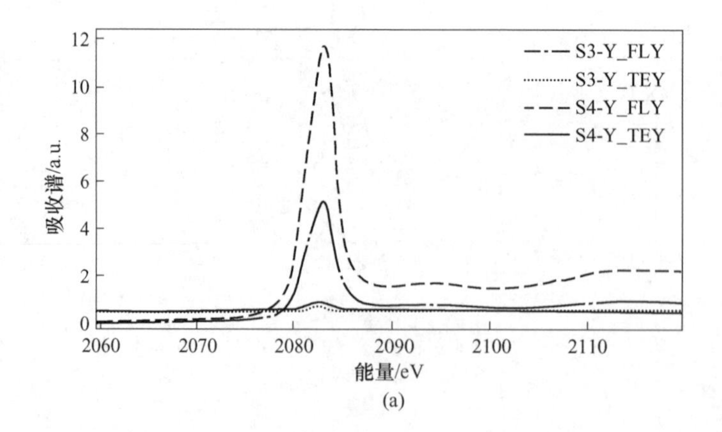

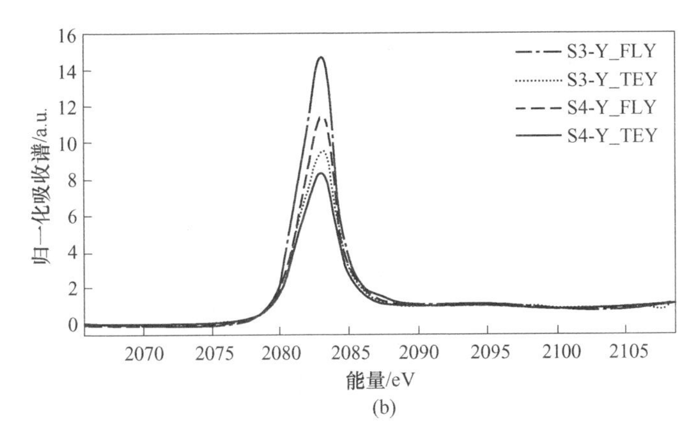

(b)

图 6-10 Y 含量为 0.021%（S3）和 0.053%（S4）的均匀化态 B10 合金中 Y 的同步辐射 X 射线荧光光谱

（a）归一化前；（b）归一化后

6.2 钇微合金化 B10 合金最终退火态腐蚀产物膜

最终退火态 B10 合金的耐蚀性能研究结果显示，稀土 Y 促进了合金表面双层腐蚀产物膜的形成，且最终退火态 B10 合金的耐蚀性能随稀土 Y 含量的增加先提高后降低，本节主要分析最终退火态 B10 合金腐蚀产物膜的形貌及成分，研究稀土 Y 在最终退火态 B10 合金腐蚀产物膜形成过程中的作用。

6.2.1 最终退火态腐蚀产物膜形貌与能谱分析

图 6-11 所示为最终退火态 B10 合金在 3.5%的 NaCl 溶液中浸泡 30d 后，样品的宏观腐蚀形貌。无稀土 Y 的 S1 样品表面的腐蚀产物有严重脱落现象，裸露出的褐色区域，说明基体已被侵蚀；S2 和 S3 样品表面的腐蚀产物覆盖很完整，

(a)

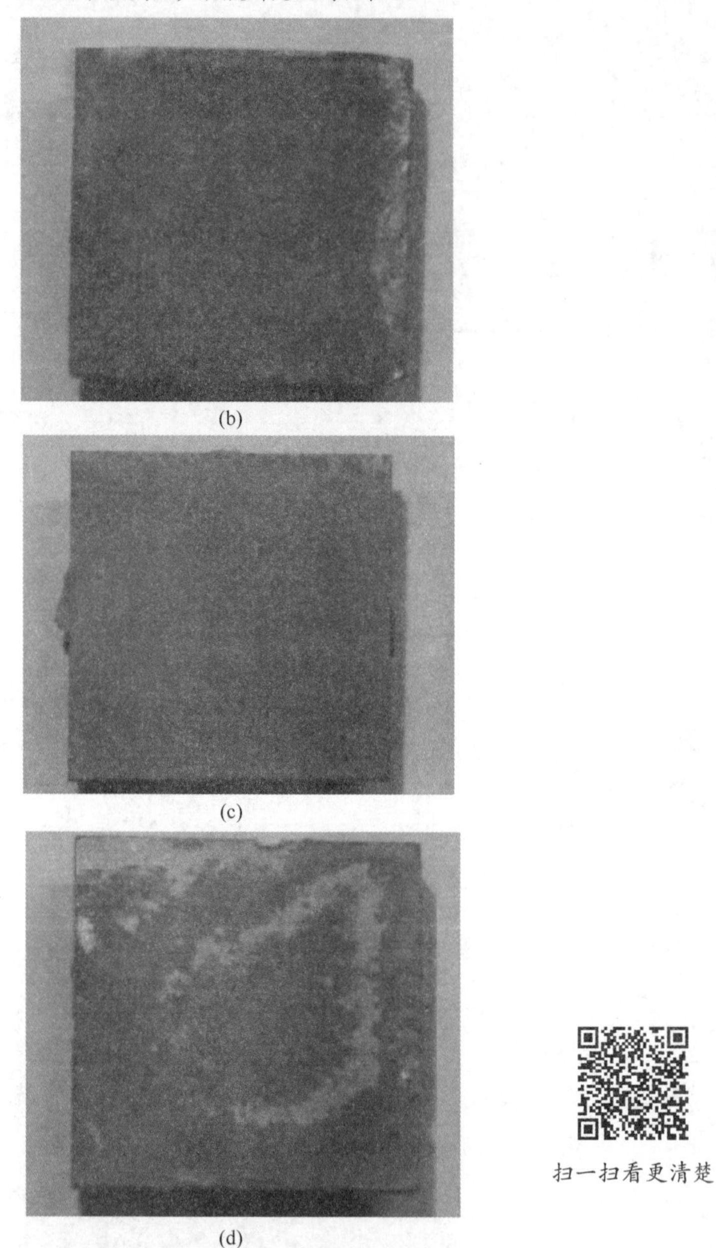

图 6-11　最终退火态 B10 合金在 3.5% NaCl 溶液中浸泡 30d 的宏观腐蚀形貌
(a) S1；(b) S2；(c) S3；(d) S4

但 S3 样品的腐蚀产物膜更均匀致密；S4 样品表面的腐蚀产物也发生了局部脱落，只是没有 S1 样品脱落严重，有部分基体也被侵蚀而呈褐色。由宏观腐蚀形貌的结果可知，稀土 Y 含量为 0.021%的 S3 样品表面腐蚀产物的完整和致密是其耐蚀性能优越的原因之一。

图6-12所示为最终退火态B10合金的SEM微观腐蚀形貌，由图6-12可知，S1样品表面腐蚀产物的形貌不同于其他3个样品，其表面的碎屑颗粒只在局部区域分布，没有形成完整的覆盖层，即外层腐蚀产物膜不完整，这是第4章腐蚀性能的结果中，S1样品的阻抗Bode图只有一个相位角峰值的原因。另外，在S1样品中还观察到大片的腐蚀产物剥落。S2和S3样品表面的腐蚀产物膜较完整，膜层与基体结合紧密度较高，最外层是密集分布的碎屑颗粒，但S3样品的腐蚀产物最外层的碎屑颗粒比S2样品的细小均匀，且孔隙率较低，因此，S3样品表面的腐蚀产物能有效阻碍Cl^-对基体的进一步侵蚀，表现出优越的耐蚀性能。S4样品表面的腐蚀产物最外层也是由细小的碎屑颗粒组成，但膜层有局部剥落现象，在未脱落区也观察到裂纹，说明S4样品在浸泡30d时耐蚀性能降低的原因是膜层开始发生剥落，导致基体暴露，遭到Cl^-的进一步侵蚀。根据腐蚀产物形貌特征，在S1样品中分别选择剥落的腐蚀产物层（*A*点）、腐蚀产物最外层的碎屑颗粒（*B*点）、无碎屑颗粒覆盖的腐蚀产物（*C*点）3个位置做EDS能谱分析，结果分别对应图6-13（a）（b）（c）。在S4样品中分别选择密集分布的碎屑颗粒（*D*点）、膜层剥落后暴露的基体（*E*点）、剥落区非常细小的颗粒（*F*点）3个位置做EDS能谱分析，结果分别对应图6-13（d）（e）（f）。

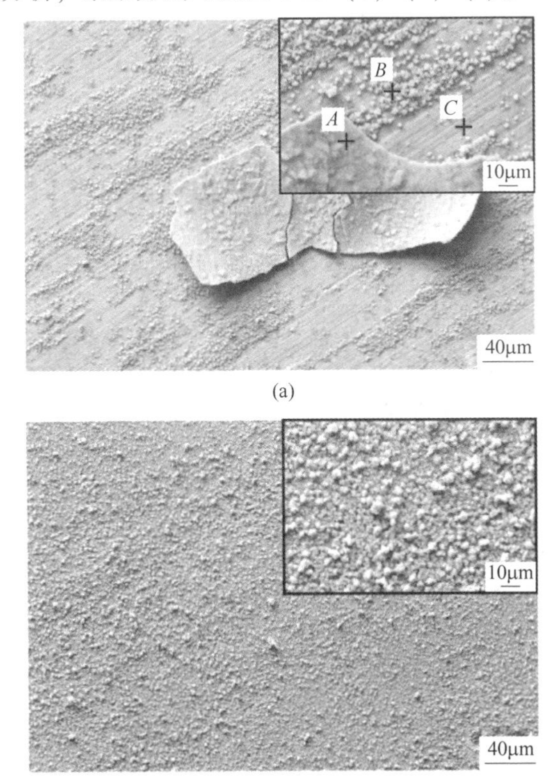

(a)

(b)

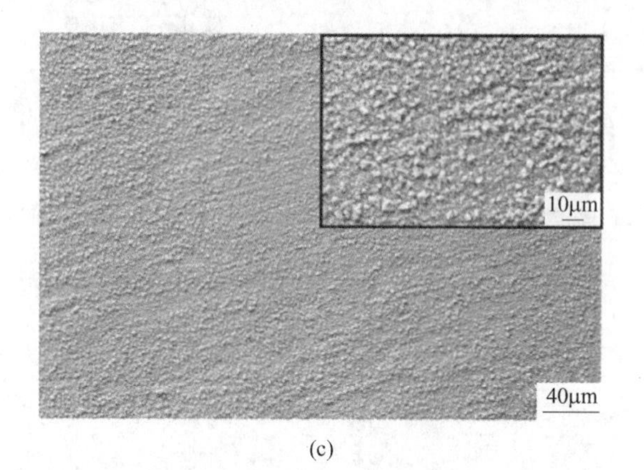

(c)

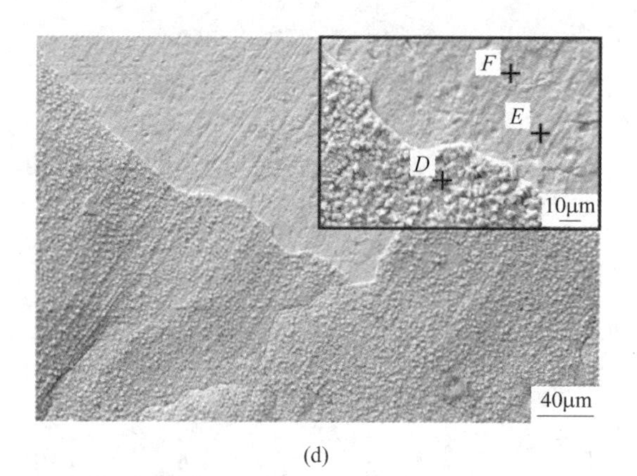

(d)

图 6-12　最终退火态 B10 合金在 3.5% NaCl 溶液中浸泡 30d 的 SEM 微观腐蚀形貌

（a）S1：0%Y；（b）S2：0.0039%Y；（c）S3：0.021%Y；（d）S4：0.053%Y

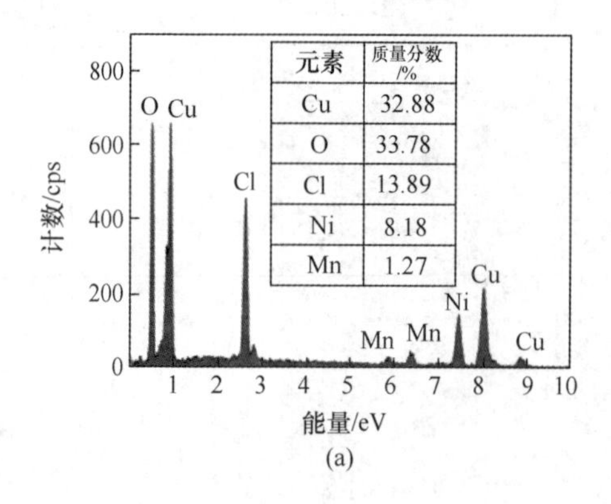

元素	质量分数/%
Cu	32.88
O	33.78
Cl	13.89
Ni	8.18
Mn	1.27

(a)

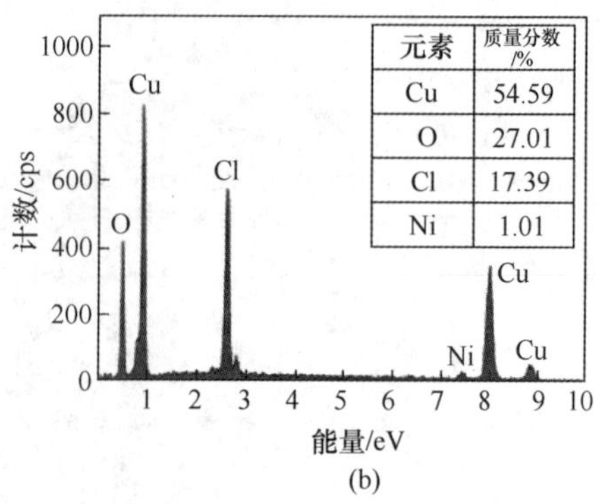

元素	质量分数/%
Cu	54.59
O	27.01
Cl	17.39
Ni	1.01

(b)

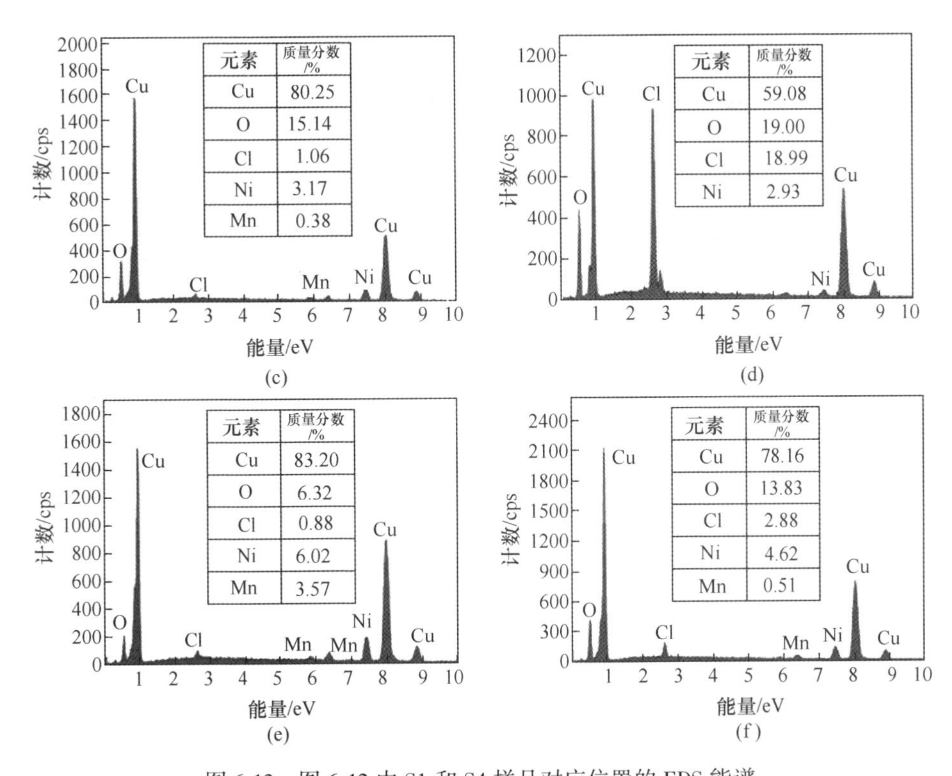

图6-13 图6-12中S1和S4样品对应位置的EDS能谱

(a)(b)(c)对应图6-12(a)中*A*、*B*、*C*位置；(d)(e)(f)对应图6-12(d)中*D*、*E*、*F*位置

图6-13(a)的能谱结果显示，S1样品剥落后的膜层中O和Cl元素的含量很高，说明腐蚀产物以氯化物和氧化物为主，还检测到Ni和Mn两种基体元素，这是因为检测位置在膜层剥落前与基体接触的面上，腐蚀过程中Ni、Mn合金元素会向膜层中扩散。图6-13(b)中，仍检测到很强的Cu、O、Cl元素的峰，几乎未检测到Ni、Mn合金元素，说明腐蚀产物最外层的碎屑颗粒是Cu与O、Cl元素形成的化合物，而Ni、Mn合金元素并未扩散至膜层最外层。图6-13(c)的能谱与前两个检测位置不同，Cl元素的峰很低，主要以Cu、O元素为主，也检测到较明显的Ni、Mn元素的峰，这表明无碎屑颗粒覆盖的致密腐蚀产物膜主要由Cu的氧化物组成，Ni、Mn合金元素也扩散至这层腐蚀产物中。图6-13(d)显示，S4样品表面碎屑颗粒的成分与S1样品(图6-13(b))的一致，主要由Cu、O、Cl元素形成的化合物组成，因此可判断4个样品表面碎屑颗粒的成分都相同，而与稀土Y含量无关，故而S2和S3样品的能谱结果这里不做赘述。图6-13(e)显示，S4样品中膜层剥落后的位置O、Cl含量都很低，以Cu、Ni、Mn合金元素为主。图6-13(f)与图6-13(e)相比，O、Cl元素含量升高，说明膜层剥落区的细小碎屑颗粒是基体与Cl^-进一步发生反应的产物。

6.2.2 最终退火态腐蚀产物膜成分分析

根据 EDS 结果，各样品表面的外层腐蚀产物主要是 Cu、O、Cl 元素形成的化合物，内层致密腐蚀产物主要由 Cu 的氧化物组成，为了进一步确定腐蚀产物的成分，利用 XRD 对最终退火态 B10 合金的腐蚀产物做物相分析，结果如图 6-14 所示，腐蚀产物的主要物相为 Cu、$Cu_2(OH)_3Cl$ 和 Cu_2O。除了 Cu 峰，每个样品中的物相都以 $Cu_2(OH)_3Cl$ 的两种晶型为主，说明样品表面的碎屑颗粒是 $Cu_2(OH)_3Cl$，Cu_2O 峰的存在，证明无碎屑颗粒覆盖的致密腐蚀产物为 Cu_2O，这与 EDS 结果一致。因此，结合 SEM、EDS 与 XRD 的结果表明，一方面，稀土 Y 能促进致密均匀的腐蚀产物的形成，另一方面，适量的稀土 Y 能提高膜层与基体的结合紧密度，有效抑制膜层的剥落过程，这是由于稀土 Y 促进了 Ni 元素在膜层中的扩散，降低了 Cu_2O 层的缺陷密度，增加了膜层的致密度，从而有效抑

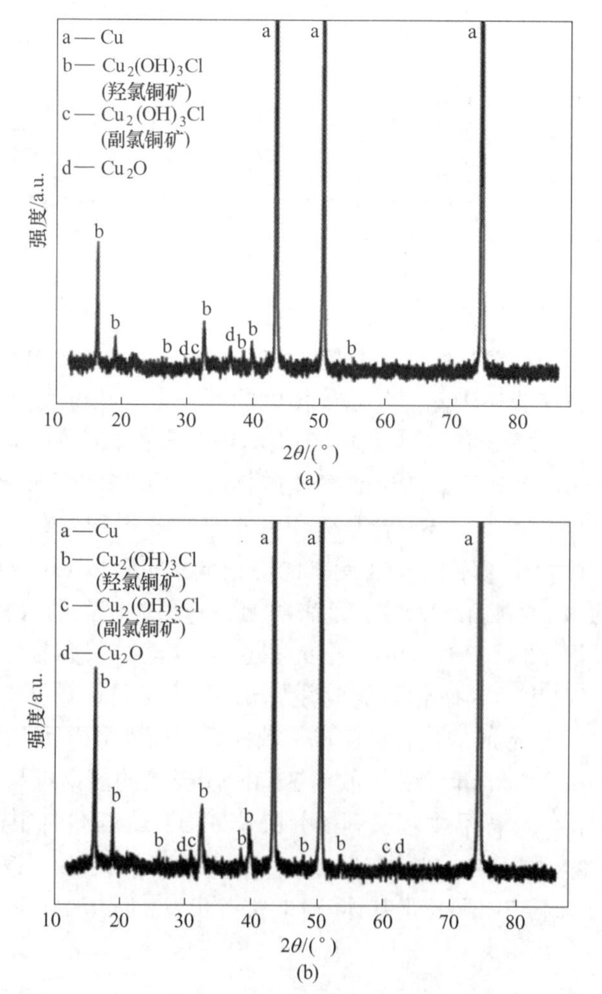

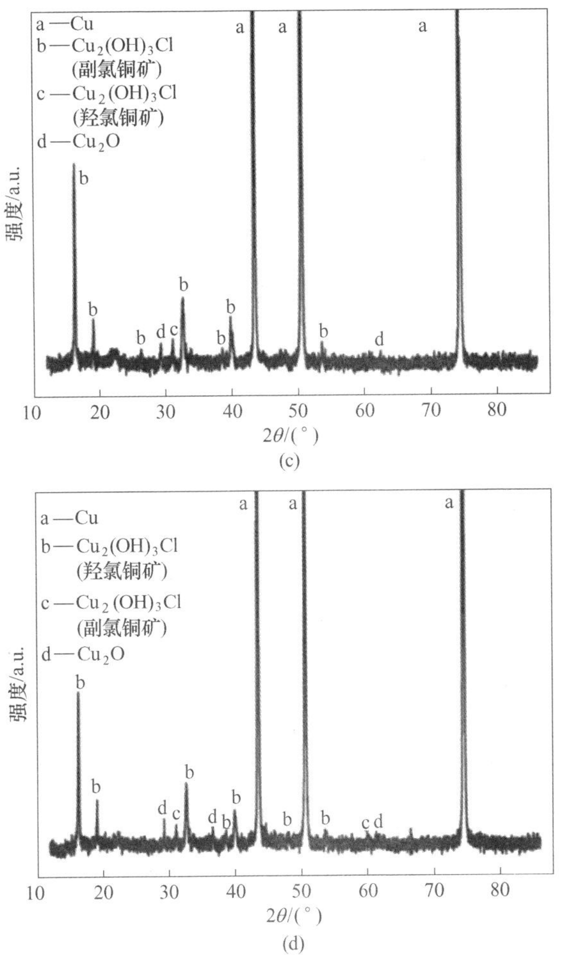

图6-14 不同Y含量最终退火态B10合金在3.5% NaCl溶液中浸泡30d的腐蚀产物XRD图谱

(a) S1：0%Y；(b) S2：0.0039%Y；(c) S3：0.021%Y；(d) S4：0.053%Y

制Cl^-在膜层中的扩散，加强膜层对基体的保护作用。

为进一步分析不同稀土Y含量合金的剖面成分差异，利用XPS分析耐蚀性能最差和最好的最终退火态S1和S3合金的腐蚀产物膜剖面元素分布。根据均匀化退火态腐蚀产物中各元素随溅射深度的变化规律，表层与溅射50nm之后的差异明显，因此对最终退火态合金的腐蚀产物做0~50nm深度的剖面分析，图6-15所示为对合金表面腐蚀产物膜溅射0nm和50nm的XPS全谱图，S1和S3样品在表面和50nm深度都检测到Cu、Ni、Fe、O、Cl以及C的元素峰，且表层（溅射0nm）O、Cl元素的峰更强，这是因为表层腐蚀产物的成分为$Cu_2(OH)_3Cl$；溅射50nm时，Cu、Ni元素的峰增强，而O、Cl元素的峰明显减弱，这与均匀化退火态的溅射0nm与200nm的结果一致。

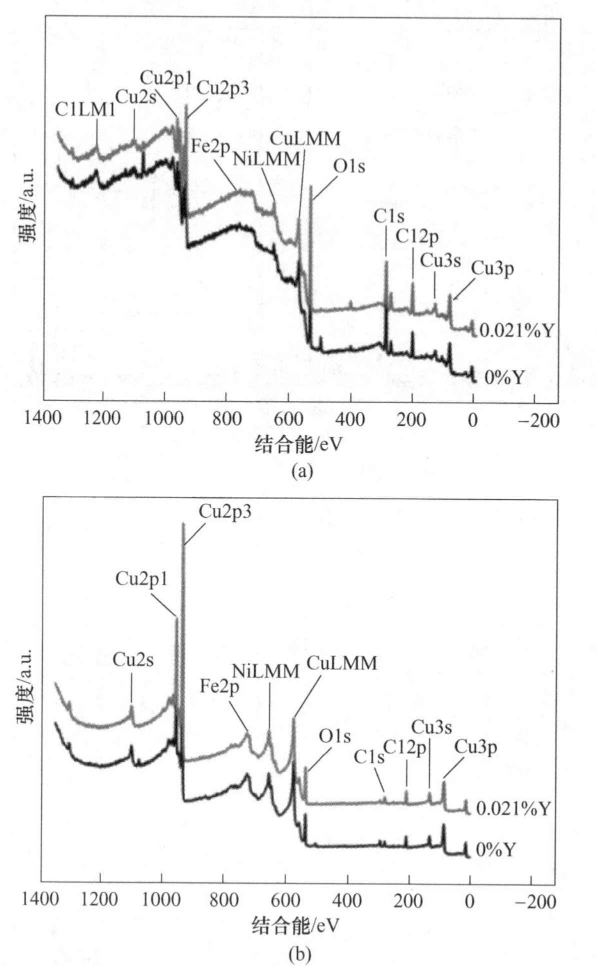

图 6-15　不同 Y 含量最终退火态 B10 合金的腐蚀产物膜溅射的 XPS 全谱图
(a) 0nm；(b) 50nm

选择 0nm、3nm、5nm、10nm、50nm 深度，分析 S1 和 S3 样品的腐蚀产物中各元素的含量随溅射深度的变化，结果如图 6-16 所示，在图 6-16（a）中，Cu 元素的含量随溅射深度的增加逐渐增大，且 S1 和 S3 样品的 Cu 元素含量相差不明显。在图 6-16（b）中，O 元素的含量在 0nm 时最高，随溅射深度增加，O 元素含量先降低后趋于稳定，且 S3 样品的 O 含量在 0~50nm 范围内始终低于 S1 样品。在图 6-16（c）中，S1 样品的 Ni 含量明显低于 S3 样品，且 S1 样品的 Ni 含量随溅射深度的变化不大，从 0.2%增加至 0.6%，而 S3 样品的 Ni 含量随溅射深度增加上升明显，溅射 50nm 时 Ni 含量为 1.5%，由此可知，添加稀土 Y 促进了 Ni 元素向腐蚀产物中的扩散。在图 6-16（d）中，Cl 元素含量随溅射深度增加先升高后降低，且 S3 样品的 Cl 含量始终低于 S1 样品。综合上述规律可知，稀土 Y

促进了 Ni 元素在膜层中的扩散，并在膜层中形成 Ni 的化合物进而阻碍 Cl 元素在膜层中的扩散，抑制基体与 Cl^- 的反应过程。

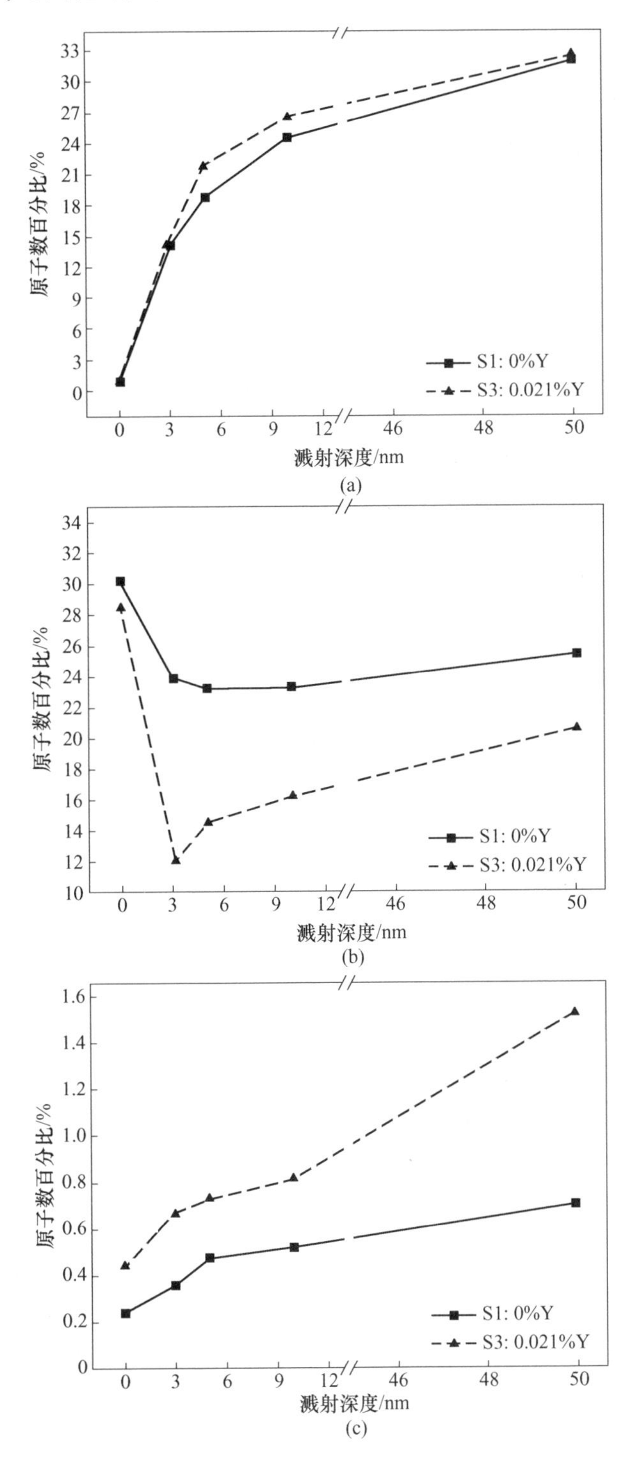

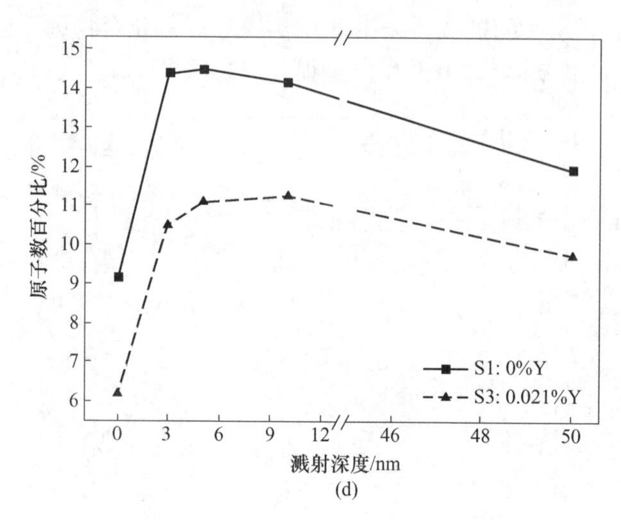

(d)

图 6-16　不同 Y 含量最终退火态 B10 合金腐蚀产物膜中各元素含量随溅射深度的变化
（a）Cu 元素；（b）O 元素；（c）Ni 元素；（d）Cl 元素

图 6-17 所示为分析了溅射 0nm 和 50nm 的 Cu 2p 高分辨图谱，图 6-17（a）显示，溅射 0nm 的 Cu 2p 图谱中，存在很强的“携上”现象，根据 6. 1. 2 节中所述，携上卫星峰的存在可判定表层为 $Cu_2(OH)_3Cl$，这与 XRD 的结果一致。而溅射 50nm 的 Cu 2p 图谱中，“携上”现象消失，只在结合能为 932. 6eV 和 952. 8eV 的位置存在 Cu_2O 的峰，结合均匀化退火态腐蚀产物的 Cu 2p 图谱可知，腐蚀产物最外层的 $Cu_2(OH)_3Cl$ 厚度约为几十纳米，从 50nm 至 200nm 膜层的主要成分为 Cu_2O。这一结果也验证了第 5 章中关于合金表面双层腐蚀产物膜的论述。

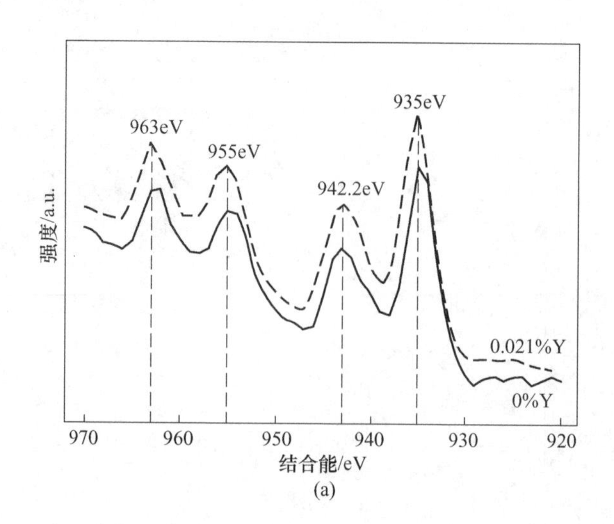

(a)

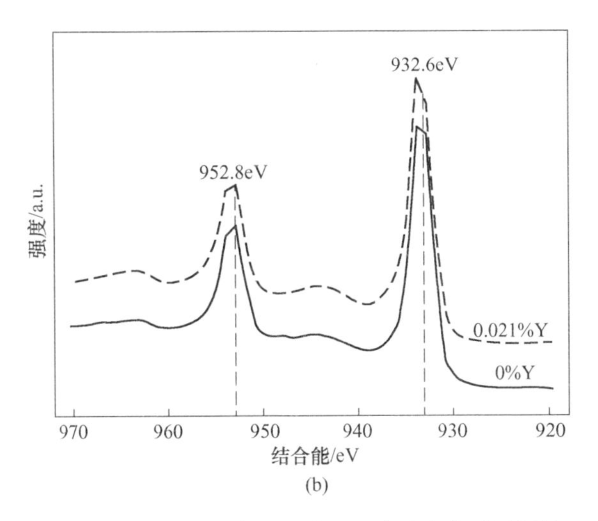

图6-17 不同Y含量最终退火态B10合金的腐蚀产物膜溅射的Cu 2p图谱

(a) 0nm; (b) 50nm

另外，利用同步辐射技术进一步分析了合金基体中和膜层中Cu元素的化合态，图6-18所示为最终退火态S1合金中Cu元素的X射线吸收精细结构谱，峰值对应的横坐标表示原子间距，与标准样品原子间距的对应程度可反映晶体结构，而峰高和峰形与标准样品的重合程度与原子的配位环境有关。图6-18（a）所示为S1合金中Cu元素的TEY谱与Cu_2O标准样的对比，TEY谱的峰值与Cu_2O标准样峰值的对应程度较高，表明膜层中Cu元素的价态为Cu^+。图6-18（b）所示为FLY谱与Cu标准样的对比，FLY谱的峰值与Cu标准样峰值的对应程度较高，表明合金基体中Cu元素以Cu单质形式存在。而TEY谱和FLY谱的峰高和峰形与标准样品差异较大，说明S1合金中Cu元素的原子配位环境与标准样品不同，这是由于Cu-Ni合金中，Cu的配位环境会受合金元素Ni的影响，故而与标准Cu样品的配位环境有差异。

最终退火态腐蚀产物溅射0nm和50nm的Ni 2p高分辨图谱与均匀化态的结果一致，S1和S3样品腐蚀产物膜中Ni的化合物主要有Ni、NiO、$Ni(OH)_2$三种，这里不再重复分析Ni 2p高分辨图谱，只对Ni的三种化合物的相对含量进行统计，如图6-19所示，溅射0nm时，Ni的三种化合物的相对含量与均匀化态的一致，表现为$Ni(OH)_2$含量较高，而NiO的含量较低，说明最外层腐蚀产物中的NiO容易发生水解反应。溅射50nm时，腐蚀产物中NiO的含量相对更高，尤其是S3样品的NiO含量显著高于其他两种化合物，这与均匀化态腐蚀产物溅射200nm时的结果不同，说明最终退火态S3合金的腐蚀产物比均匀化态的更加致密均匀，能有效阻碍NaCl溶液中的离子向内层的扩散，抑制NiO的水解反应过

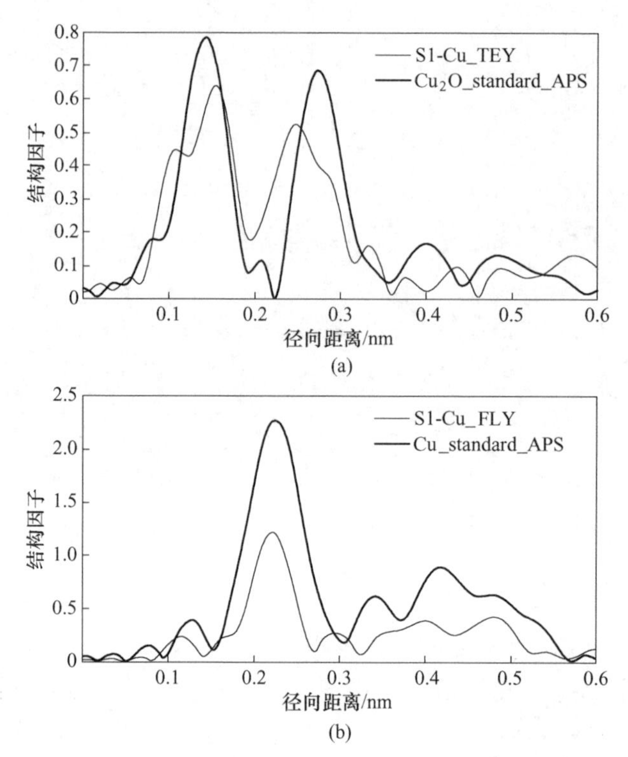

图 6-18 最终退火态 S1 合金（0% Y）中 Cu 元素的同步辐射 X 射线吸收精细结构（XAFS）谱
（a）Cu TEY 谱；（b）Cu FLY 谱

程。这一结果表明，相同的稀土 Y 含量，均匀化态与最终退火态 B10 合金表面腐蚀产物膜的结构不同，这与两种状态合金的组织差异有关，因此，本章 6.3 节将从组织特征与腐蚀产物膜结构两个方面解释 B10 合金的耐蚀机理。

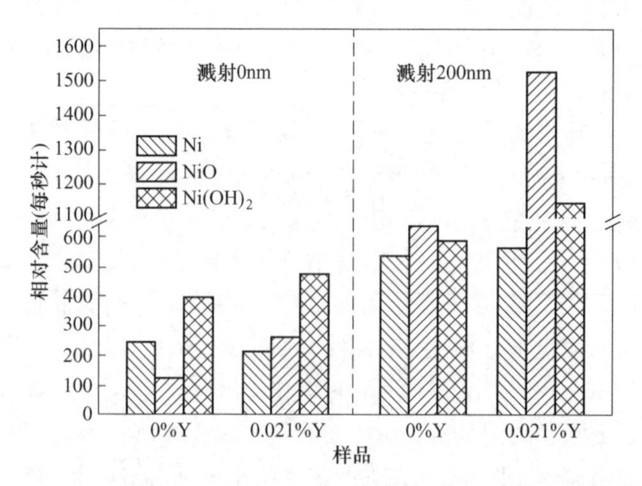

图 6-19 不同 Y 含量最终退火态 B10 合金腐蚀产物膜中 Ni 化合物的相对含量

6.3 钇微合金化 B10 合金耐蚀机理

不同稀土 Y 含量的 B10 合金，其组织特征及腐蚀形貌都存在明显差异，因此，本节主要从合金的组织特征（包括夹杂物分布、组织均匀性、晶界特征分布）及腐蚀产物膜结构两个角度介绍稀土 Y 在 B10 合金中的耐蚀机理。

对于均匀化退火态 B10 合金，根据第 3 章的研究结论，未添加稀土 Y 的 S1 合金，组织均匀性差，晶界处能量高且不稳定，Cl^-会优先侵蚀晶界，出现沿晶腐蚀现象。当 Y 含量为 0.0039%时，稀土 Y 起到一定的净化基体的作用，合金的晶粒尺寸也有所增大，因此 S2 合金的耐蚀性能优于 S1 合金。当 Y 含量为 0.021%时，合金的晶粒尺寸明显增大，且组织均匀性好，稀土 Y 对基体的净化作用明显，形成的钇基氧硫化物尺寸较小且弥散分布，对合金的耐蚀性能无明显影响，因此 S3 合金的耐蚀性能得到显著提高。但是，当稀土 Y 含量增加至 0.053%时，分布于基体上的稀土夹杂物明显增多，合金的晶粒尺寸有所减小且组织均匀性变差，因此，S4 合金的耐蚀性能相较于 S3 合金的较差。

对于最终退火态 B10 合金，不同稀土 Y 含量的组织差异主要体现在“有效特殊晶界”比例上，无稀土 Y 的 S1 合金中，孪晶界比例虽高但多数分布在晶内，对一般晶界的打断效果差，即“有效特殊晶界”比例低，晶间腐蚀容易沿晶界扩展，导致耐蚀性能差；稀土 Y 含量较高的 S3 和 S4 合金中，低 ΣCSL 晶界比例高，除了分布于晶内的孪晶界，在原一般大角度晶界处也分布有特殊晶界，还形成了明显的晶粒团簇，能有效打断一般大角度晶界之间的相互连通，不易发生沿晶腐蚀，因此耐蚀性能优于无稀土 Y 的合金。此外，从腐蚀产物剥落后的腐蚀形貌也可看出，S1 合金基体受到严重腐蚀，表面凹凸不平，如图 6-20（a）所示，黑色箭头所标为沿晶腐蚀现象，进一步说明了 S1 合金的一般大角度晶界连通性好，容易发生沿晶腐蚀。而图 6-20（b）中 S4 合金剥落区较平整，一般大角度晶界的连通性被打断，无明显的连续沿晶腐蚀现象。

从腐蚀产物膜的角度分析，B10 合金表面的腐蚀产物中对基体起主要保护作用的是内层的 Cu_2O，因此 Cu_2O 层的致密性及与基体的结合紧密度决定了合金的耐蚀性能。Cu_2O 是一种缺陷密度高的 P 型半导体，Cu_2O 层表面吸附的 O 原子会进入 Cu_2O 晶格，位于腐蚀膜层与溶液界面处的 Cu^+也可能发生溶解进入溶液中，从而在 Cu_2O 晶格中留下阳离子空位和电子空穴，这些阳离子空位和电子空穴在 Cu_2O 层中逐渐累积并向内扩散至 Cu_2O 层与合金基体的界面处。同时，界面处的 Cu、Ni 原子会被氧化为 Cu^+和 Ni^{2+}而占据 Cu_2O 晶格中的阳离子空位，同时 Cu、Ni 原子失去的电子与电子空穴相互湮灭。稀土 Y 在上述腐蚀过程中的作用主要为促进 Ni 在膜层中的扩散，如图 6-5 和图 6-16 所示，稀土 Y 含量为 0.021%的

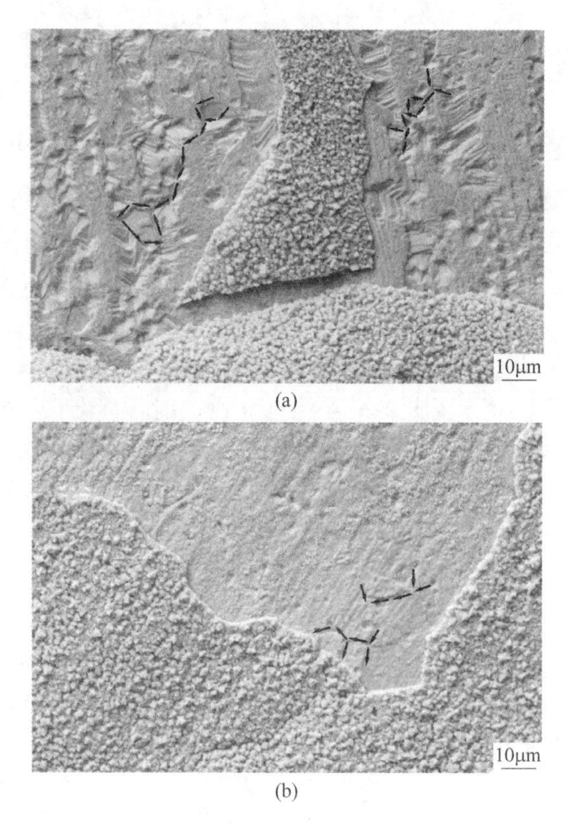

图 6-20　B10 合金最终退火态腐蚀产物剥落后的腐蚀形貌
（a）S1 合金；（b）S4 合金

S3 合金膜层中的 Ni 含量高于无稀土 Y 的 S1 合金。由于 Ni^{2+} 占据阳离子空位和湮灭电子空穴的效率高于 Cu^+，因此 Ni 的扩散使腐蚀产物膜结构更加致密，并且在热力学上 NiO 的稳定性大于 Cu_2O，故而稀土 Y 通过促进 Ni 的扩散大大提高了腐蚀产物膜的致密性与稳定性，降低膜层中离子和电子的导电率，提高合金耐蚀性能。另外，当吸附在腐蚀产物膜表面的 Cl^- 浓度达到一定值后，会逐渐向膜内扩散并与膜层中的阳离子发生反应，生成可溶性络合物，使腐蚀产物膜结构遭到破坏。从图 6-5 和图 6-16 中还可以看出，S3 合金膜层中的 Cl^- 含量低于无稀土 Y 的 S1 合金。这是由于 Cl^- 更容易黏附在缺陷密度高的区域，而稀土 Y 通过促进 Ni 的扩散使腐蚀产物膜缺陷密度降低，从而有效地阻碍了 Cl^- 在腐蚀产物膜中的扩散，减弱了 Cl^- 对腐蚀产物膜结构的破坏及对基体的腐蚀作用。

综上所述，一方面，稀土 Y 改善了合金的组织均匀性，优化了合金晶界特征分布，从而提高合金的耐腐蚀性能；另一方面，稀土 Y 通过促进 Ni 元素在膜层中的扩散，改善膜层致密性及稳定性，并阻碍 Cl^- 在腐蚀产物膜中的扩散，使膜层与基体结合紧密，对合金基体起到较好的保护作用，提高合金的耐腐蚀性能。

6.4 本 章 小 结

本章利用扫描电镜、能谱仪、X 射线衍射仪、X 射线光电子能谱等分析手段，介绍了不同稀土 Y 含量 B10 合金的腐蚀产物膜形貌、物相、剖面成分及结构，得出以下几点结论：

(1) B10 合金在 3.5% NaCl 溶液中浸泡 30d 的腐蚀产物为“双层膜”结构，外层是疏松、保护性差的 $Cu_2(OH)_3Cl$，内层是致密、保护性强的 Cu_2O。未添加稀土 Y 的 S1 合金和稀土 Y 添加过量的 S4 合金腐蚀产物膜均出现明显的剥落现象，而 S2 和 S3 合金的腐蚀产物相对较完整，其中稀土 Y 含量为 0.021%的 S3 合金的腐蚀产物致密度最高，稳定性最好，因此耐蚀性能最佳。

(2) 稀土 Y 含量为 0.021%的 S3 合金的腐蚀产物膜中，Ni 含量高于无稀土 Y 的 S1 合金，Cl^-含量低于 S1 合金，说明稀土 Y 促进 Ni 的扩散，抑制 Cl^-的扩散。腐蚀产物中 Ni 主要以金属 Ni、NiO、$Ni(OH)_2$三种化合物存在，且内层中 Ni 含量较高是膜层致密性好的主要原因。

(3) 稀土 Y 影响合金耐蚀性能的机理主要体现在两方面，一是稀土 Y 改善了合金的组织均匀性，优化了合金晶界特征分布，从而提高合金的耐蚀性能；二是稀土 Y 通过促进 Ni 元素在膜层中的扩散，改善膜层致密性及稳定性，降低膜层中离子和电子的导电率，并阻碍 Cl^- 在腐蚀产物膜中的扩散，防止腐蚀产物层结构被破坏；使膜层与基体结合紧密，保护合金基体不受 Cl^- 侵蚀，进而提高合金耐蚀性能。

7 基于图像分析的B10铜镍合金耐蚀性预测

多晶材料的晶界失效往往是导致其寿命、可靠性和使用价值降低的主要原因。自从Watanabe首次提出晶界工程以来，研究人员一直致力于高性能多晶材料晶界设计与晶界特征优化的工作。近年来，通过对晶界图像的分析，以提取基于最大连通随机晶界网络的分形分析技术被广泛报道。从晶界图像与晶界几何学上找到晶界特征的差异，并进行定量分析，以建立与耐腐蚀性能的关系，已经成为目前晶界工程中的一种常用方法。

然而，当前对晶界特征图像的分析研究中，诸多还是局限在晶界网络的长度上，晶界的界角往往被忽略。界角往往是影响组织热稳定性的一个重要因素。基于现有EBSD技术，对于同时考虑晶界网络长度和界角的方法尚不完善，建立晶界网络特征与耐腐蚀性能之间的关系模型更是缺乏。本章将以前文所述的S1（不加稀土Y），传统B10合金的基础上，通过改变二次冷轧变形量（5%，9%，14%，25%，32%），来优化B10合金的不同晶界网络特征，然后利用图像分析来定量分析晶界连通性，并结合晶界长度和晶界角两种特征建立一种新的晶界连通性模型，以评估和预测B10铜镍合金的耐腐蚀性，同时也为下一章节缩小卷积神经网络的输入图像尺寸的合理性奠定基础。

7.1 图像预处理

在对晶界图像的分析中，图像分辨率、晶界的宽度均直接影响分析算法的设计和计算结果的精确度，因此在对图像内含的信息分析之前，需要对晶界图像进行预处理。预处理操作的首要目的是清除非关键特征或者非重点研究对象比如小角度晶界和特殊晶界等，而对那些晶间腐蚀抗力较差的随机晶界则予以保留。此外，在预处理中还需要对晶界的宽度予以细化，如此在对晶界连通路径的搜寻中可以消减掉大部分不必要的重复路径，降低算法的计算复杂度。下文中将对晶界图像的预处理操作做出详细阐述。

7.1.1 预处理步骤

图7-1（a）所示为需要处理的结晶图像（以压下率为5%、放大倍率为2为

例），首先将原图转化为灰度图（图 7-1（b）），在删去图像下方的标尺后计算灰度直方图并据此选定二值化分割阈值，结合灰度直方图（图 7-1（c）），仔细对比图 7-1（a）和图 7-1（b）可以发现，彩色的特殊晶界灰度值均偏向高灰度值，而黑色的随机边界偏向 0，而其他的灰度值分布几乎忽略不计，因此本书设定二值化分割阈值为 50，如此更有利于研究黑色的随机边界。二值化后的结果如图 7-1（d）所示，最后对晶界图像进行边缘提取。

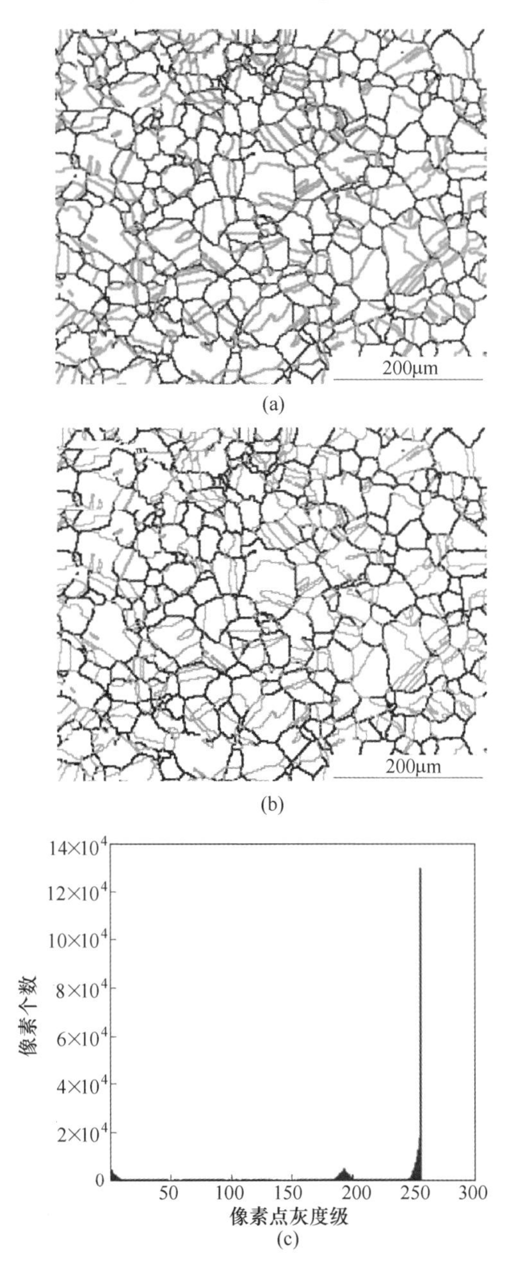

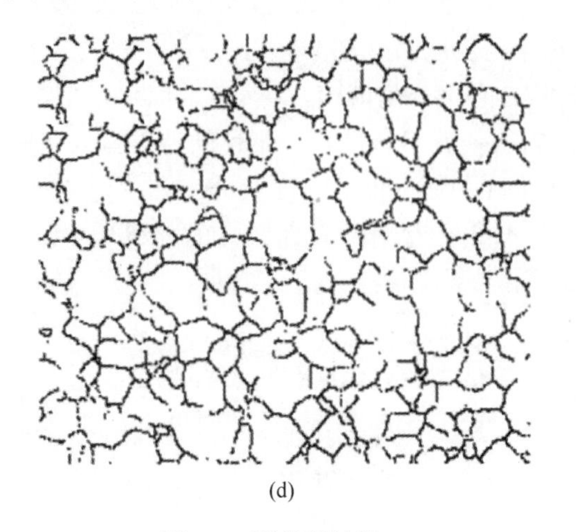

(d)

扫一扫看更清楚

图 7-1　预处理过程

(a) 原图; (b) 灰度化结果; (c) 灰度直方图; (d) 二值化结果

在所有的预处理步骤中，对二值化图像的边缘提取至关重要，原因在于本书重点研究的是晶界的连通性，而连通性的量化组分是由晶界之间的交叉情况、晶界与晶界之间的夹角（即界角）分布，从制图机器软件中得到的图像是双像素宽的边界，图 7-2 中像素值为 0 的位置的即为目标边界，可见所有的边界均具有两个像素的宽度，这不仅增加了晶界连通路径的搜索算法计算量，也对界角的计算造成了干扰。为此，要量化晶界的连通性，首先需要对图像的边缘进行提取，将双像素的边界简化为单像素宽。

255	255	255	255	255	255	255	255	0	0
255	255	255	255	255	255	255	255	0	0
255	255	255	255	255	255	0	0	0	0
255	255	255	255	255	255	0	0	0	0
255	255	255	255	255	255	0	0	255	255
255	255	255	255	255	255	0	0	255	255
0	0	0	0	255	255	0	0	255	255
0	0	0	0	255	255	0	0	255	255
255	255	0	0	0	0	0	0	0	0
255	255	0	0	0	0	0	0	0	0
0	0	0	0	255	255	255	255	255	255
0	0	0	0	255	255	255	255	255	255
255	255	0	0	255	255	255	255	255	255
255	255	0	0	255	255	255	255	255	255
255	255	255	255	255	255	255	255	255	255
255	255	255	255	255	255	255	255	255	255
255	255	0	0	255	255	255	255	255	255
255	255	0	0	255	255	255	255	255	255
255	255	0	0	255	255	255	255	255	255
255	255	0	0	255	255	255	255	255	255
255	255	0	0	255	255	255	255	255	255

图 7-2　双像素宽边界示意图

7.1.2　边缘检测简介

边缘是对象和背景之间的边界，是图像一个较为重要的特征，一般来说边缘具体指的是周围像素灰度值有阶跃变化或屋顶变化的像素点集合。边缘检测是检测由图像强度的急剧变化构成的边缘的存在和位置的过程。边缘检测方法种类很多，不同条件下不同检测方法的效果不同，它的一个重要特性是能够以良好的方向提取精确的边缘线。下面将简单介绍 Roberts 算子、Sobel 算子、Prewitt 算子、Canny 算子以及它们在本书应用中的检测结果。

7.1.3 四种边缘算子及各自检测结果

四种边缘算子及各自检测结果如下：

（1）Roberts 算子，检测结果如图 7-3（a）所示。

其 x 和 y 方向偏导数计算模板为：

$$\boldsymbol{S}_x = \begin{bmatrix} 1 & 0 \\ 0 & -1 \end{bmatrix},\ \boldsymbol{S}_y = \begin{bmatrix} 0 & -1 \\ -1 & 0 \end{bmatrix} \tag{7-1}$$

每个点的梯度幅值计算方式为：

$$G[i,\ j] = |f[i,\ j] - f[i+1,\ j+1]| + |f[i+1,\ j] - f[i,\ j-1]| \tag{7-2}$$

（2）Sobel 算子，检测结果如图 7-3（b）所示。

其 x 和 y 方向偏导数计算模板以及目标点的邻域矩阵为：

$$\boldsymbol{S}_x = \begin{bmatrix} -1 & 0 & 1 \\ -2 & 0 & 2 \\ -1 & 0 & 1 \end{bmatrix},\ \boldsymbol{S}_y = \begin{bmatrix} 1 & 2 & 1 \\ 0 & 0 & 0 \\ -1 & -2 & -1 \end{bmatrix},\ \boldsymbol{K} = \begin{bmatrix} a_0 & a_1 & a_2 \\ a_7 & [i,\ j] & a_3 \\ a_6 & a_5 & a_4 \end{bmatrix} \tag{7-3}$$

每个点的梯度幅值计算方式为：

$$G[i,\ j] = \sqrt{S_x^2 + S_y^2} \tag{7-4}$$

其中：

$$S_x = (a_2 + 2a_3 + a_4) - (a_0 + 2a_7 + a_6) \tag{7-5}$$

$$S_y = (a_0 + 2a_1 + a_2) - (a_6 + 2a_5 + a_4) \tag{7-6}$$

（3）Prewitt 算子，检测结果如图 7-3（c）所示。

该算子是一种加权平均算子，利用在图像边缘处的像素点与邻点的灰度差达到极值的性质检测出边缘，其 x 和 y 方向偏导数计算模板为：

$$\boldsymbol{S}_x = \begin{bmatrix} -1 & 0 & 1 \\ -1 & 0 & 1 \\ -1 & 0 & 1 \end{bmatrix},\ \boldsymbol{S}_y = \begin{bmatrix} 1 & 1 & 1 \\ 0 & 0 & 0 \\ -1 & -1 & -1 \end{bmatrix} \tag{7-7}$$

（4）Canny 算子，检测结果如图 7-3（d）所示。

Canny 边缘检测广泛用于计算机视觉中，其通过定位锐利的强度变化以在图像中找到物体边界。如果像素的梯度幅度大于最大强度变化方向两侧的像素的梯度幅度，则 Canny 边缘检测器将像素分类为边缘。在本书中利用的 Canny 算子模板如下：

$$\boldsymbol{S}_x = \begin{bmatrix} -1 & 1 \\ -1 & 1 \end{bmatrix},\ \boldsymbol{S}_y = \begin{bmatrix} 1 & 1 \\ -1 & -1 \end{bmatrix} \tag{7-8}$$

其 x、y 方向的一阶偏导数、梯度幅值和梯度方向的计算表达式为：

$$P[i,\ j] = (f[i,\ j+1] - f[i,\ j] + f[i+1,\ j+1] - f[i+1,\ j])/2 \tag{7-9}$$

$$Q[i,\ j] = (f[i,\ j] - f[i+1,\ j] + f[i,\ j+1] - f[i+1,\ j+1])/2 \tag{7-10}$$

$$M[i,\ j] = \sqrt{P[i,\ j]^2 + Q[i,\ j]^2} \tag{7-11}$$

$$\theta[i,\ j] = \arctan(Q[i,\ j]/P[i,\ j]) \tag{7-12}$$

其中，$f[i,\ j]$ 为图像在 $(i,\ j)$ 位置处的灰度值；P 和 Q 分别为 x 方向和 y 方向的梯度幅值；$M[i,\ j]$ 为 $(i,\ j)$ 位置像素点的幅值；θ 为梯度方向。

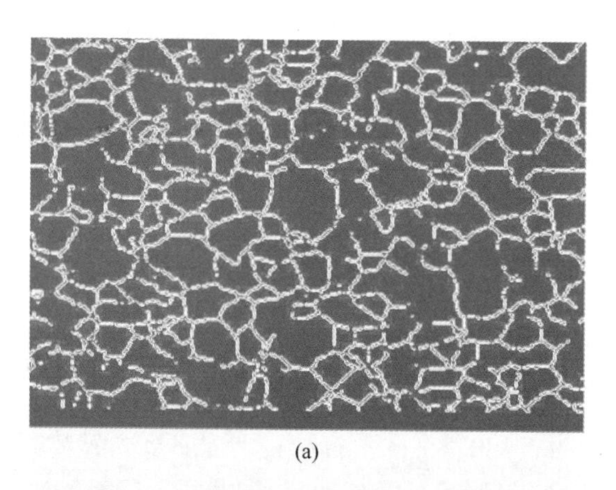

(a)

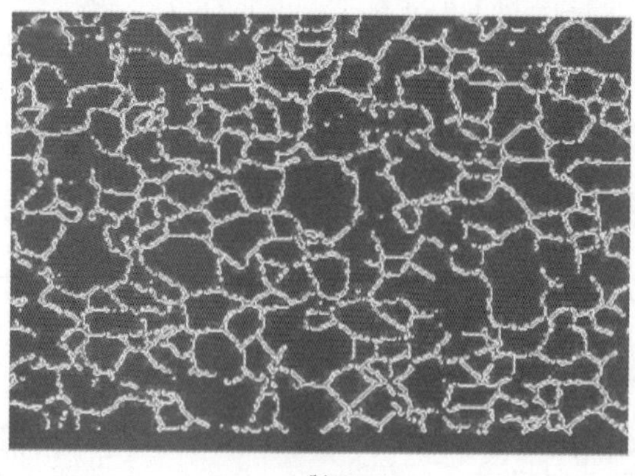

(b)

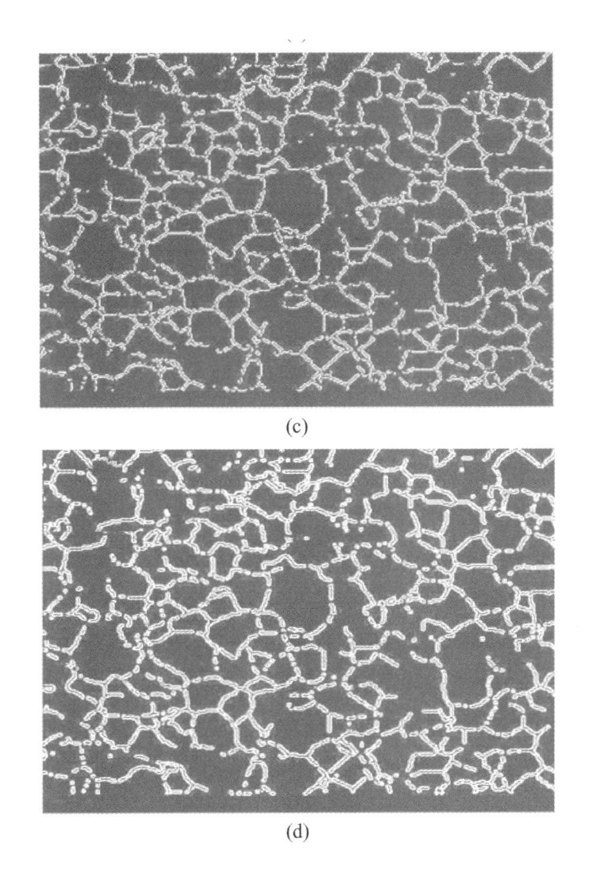

(c)

(d)

图 7-3 四种算子对晶界提取结果

(a) Roberts; (b) Sobel; (c) Prewitt; (d) Canny

7.1.4 边缘检测结果分析

从检测结果可以看出，用 Roberts 算子检测方法提取出的边缘比较粗，图像的边缘不止一个像素，当对精度要求不是很高时，是一种较为常用的边缘检测方法，但在本书中对晶界的精度要求较高的情况下，检测的结果完全不能满足应用。相比而言，Sobel 算子检测方法检测出的边缘要细于 Roberts 算子检测方法，但正因如此 Sobel 算子对边缘的提取连续性又差于前者，这样的检测结果破坏了晶界的连续性，同样不能满足应用。Prewitt 算子利用相邻点灰度差判定边缘，优点是对噪声起到一定的平滑作用，缺点是定位精度较低。Canny 方法将检测的边缘分为强、弱两种并且只有与强边缘相连的弱边缘才会被输出。上述四种边缘检测方法，Canny 算子检测方法检测结果连续性更为完整，受到的噪声影响较小。尽管如此，其仍不能满足本应用的需要，原因在于其将双像素晶界提取出双边缘并且将双边缘自动相连成一个个环，这样的环严重影响了晶界连通性的判定和量化。为此，本书利用边界在像素级图像中的特性，采用一种针对晶界细化这样特定应用的新方法提取出单像素的晶界边缘。

7.1.5 基于晶界特性的细边缘提取

晶界是金属材料微观结构下的一条条边界，这些边界与非边界区域有着极为明显的灰度区别，如图 7-4 所示，边界的类型分为下列十一种类型（为了表述方便，将双像素边界绘制成双直线），从第三种开始，将边界相交处的 4 个像素点称为拐角（图 7-4 中灰色正方形），然后需要将双像素的边界按照一定的规则删去其中一部分，将其转化保留为单像素边界，同时要注意不能破坏其原本的连续性，具体步骤如图 7-4 所示。

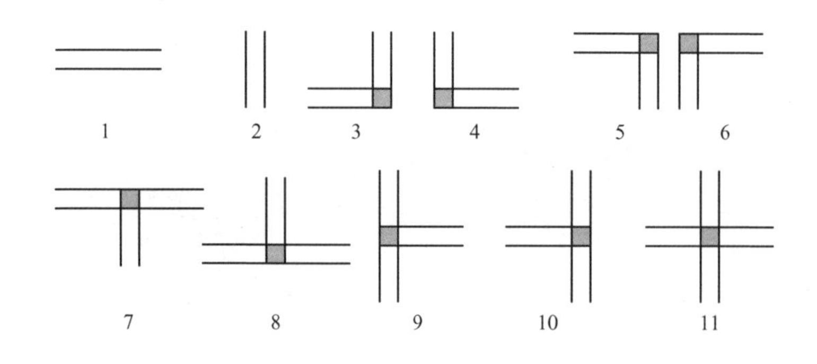

图 7-4 十一种边界类型

步骤 1：设定一个 2×2 大小的窗口，从左到右、从上至下依次遍历图像，找出所有的拐角，记录其位置和所属类型，然后将每个拐角的 4 个像素点全部赋值为 255。

步骤 2：经过第一步后，各种类型的边界均转化为图 7-4 中的 1、2 两种，将图中所有的第一种类型的边界下侧线清空（赋值为 255），将第 2 种类型的边界左侧线清空。

步骤 3：根据第一步保存的拐角位置，根据其所属类型重新对拐角的 4 个像素点赋值。为了保证和原图一致的连续性，赋值规则如图 7-5 所示。

步骤 4：返回执行第一步，直到整张图中不存在符合条件的拐角为止。

边缘提取结果如图 7-6（b）和图 7-6（c）所示。可以看出，双像素宽度的边界均被细化为单像素宽度，这为下一步用传统图像处理方法建立晶界连通性量化模型和用深度神经网络学习其连通性带来了极大的便利。

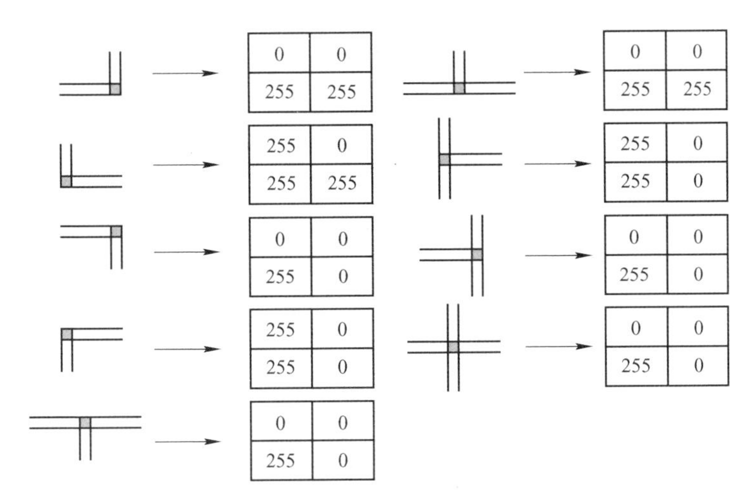

图 7-5 拐角赋值规则

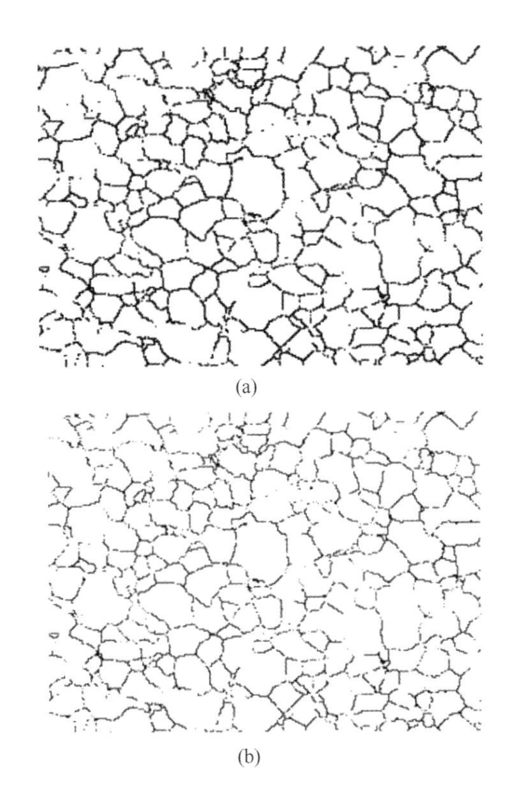

(a)

(b)

255	255	255	255	255	255	255	255	0	255
255	255	255	255	255	255	255	255	0	255
255	255	255	255	255	255	0	0	0	255
255	255	255	255	255	255	0	255	255	255
255	255	255	255	255	255	0	255	255	255
255	255	255	255	255	255	0	255	255	255
0	0	0	255	255	255	0	255	255	255
255	255	0	255	255	255	0	255	255	255
255	255	0	0	0	0	0	0	0	0
255	255	0	255	255	255	255	255	255	255
0	0	0	255	255	255	255	255	255	255
255	255	0	255	255	255	255	255	255	255
255	255	255	255	255	255	255	255	255	255
255	255	255	255	255	255	255	255	255	255
255	255	255	255	255	255	255	255	255	255
255	255	255	255	255	255	255	255	255	255
255	255	0	255	255	255	255	255	255	255
255	255	0	255	255	255	255	255	255	255
255	255	0	255	255	255	255	255	255	255
255	255	0	255	255	255	255	255	255	255
255	255	0	255	255	255	255	255	255	255

(c)

图 7-6　边缘提取

(a) 二值化后的边界图；(b) 对应的提取结果；(c) 单像素宽边界像素矩阵

7.2　模型的构造

7.2.1　交点的提取和分类

合金的晶界特征分布图如图 7-7 所示。多个随机边界相互交叉形成两叉、三叉和四叉类型的晶界，分别如图 7-7 中标记为 2、3、4 的圆形区域所示。

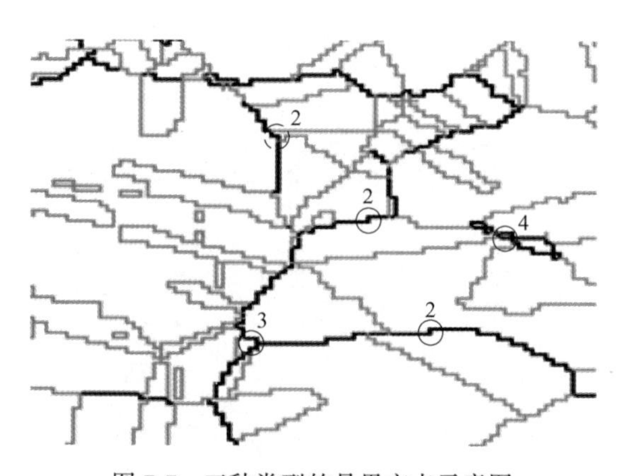

图 7-7　三种类型的晶界交点示意图

为了提取出所有的交叉点并对其进行分类，在 7.1 节边缘细化的基础上，遍历图中所有的像素点，并为每个点设置一个包含 4 个元素（代表 4 个方向）的标签数组，根据不同方向的邻接点的标签数据来修改对应位置的数据（如：邻接点在当前处理点上方，则将数组第一个元素修改为 1，如果在左侧，则修改为 2，下侧和右侧分别修改为 3 和 4），之后根据标签数组进行判定类型，判定规则如下：

（1）如果数组中的零元素个数小于（或等于）1 个，则当前交点类型为四叉（或三叉）交点。

（2）如果数组中的零元素个数等于 2 个，且不为零的两个元素相加为奇数，则为二叉交点。

（3）其他情况均非交点。

算法的伪代码见表 7-1。

表 7-1 交点提取算法伪代码

Intersection extraction classification algorithm

Input：I // pre-processed grain boundary image
Output：R，C，T // row，column，and type of the intersection
begin
  read（I）；//Read the pre-processed grain boundary image
  for each point
    initialization flag array = [0，0，0，0]；
    Determine whether the pixel value of the four field around the point with upper，left，lower，right is 0. Based on the judgment：
    if it is not 0，it means that there is an adjacency point in this direction；if this direction is up，the first digit of flag array defines as 1；if this direction is left，the second digit will be changed to 2，and so on.
    elseif there is no adjacency point in this direction，and the corresponding position of the flag array will not bemodified（For example，the intersection point in the " L" shape is the flag array of markers [1，0，0，4]）.
    endif
    if the number of zero in the flag array is less than or equal to one：
      it is a quadruple or trigeminal point；
    elseif only two digit of flag array are not zero and their sum is even：
      it is a binary point；
    endif
  endfor
save the row，column，and degree of the intersection in the array R，C and T in turn.
end

7.2.2 连通频（C_f）计算

C_f 是衡量由低 Σ 边界中断的随机晶界网络连通性的重要指标。在对交点分类之后，图像中所有的点被划分为三类：孤点（记为 $s1$）、不含交点的直线（记为 $s2$）、包含交点的线（记为 $s3$）。对于 $s1$、$s2$ 类，由于他们不与其他边界相连，因此将其连通系数设定为 1，而对于 $s3$，如果一个点属于 $s3$，要么其本身是个交点，要么其至少与一个交点相连通。对此，连通系数（λ_i）将按照如下规则设定：

$$\lambda_i = \begin{cases} D_i & \text{当 } i \text{ 是交点时} \\ D_j & \text{当 } i \text{ 仅与交点 } j \text{ 相连通时} \\ D_j + D_k & \text{当 } i \text{ 和交点 } j\text{、}k \text{ 都连通时} \end{cases}$$

其中，D 为交点所连接的边界数目。然后，将每种类型的点数乘以其连通系数，得到连通频率，计算方式：

$$C_f = N_{s1} + N_{s2} + \sum_{i=1}^{N_{s3}} \lambda_i \tag{7-13}$$

7.2.3 模型初步运算结果及分析

图 7-8 所示为不同还原率的二次冷轧后合金的晶界分布。不同样品的晶界分布、方向和类型存在显著差异。从随机晶界（黑线）密度来看，5%最高，9%最低。表 7-2 中的 2×和 4×分别表示图像的放大率。本书利用电子背散射衍射技术获取所有的图像，由于放大倍数不同，图像分辨率存在差异，这将影响后续的晶界连接性计算结果。2×和 4×是 EBSD 所代表的两种最常用的放大率，虽然仍有 8×和 16×两种放大率，但图像质量较差，因此，本书选择了两种最常用的放大率进行统计分析。需要指出的是，对于设定的节点类型中的二叉节点，存在两种子类：一类是同一个晶粒的晶界，在像素级的图像处理时存在锯齿效应，这用 EBSD 软件表征晶界过程中难以避免，所有的线无限放大都会出现锯齿台阶，另一类是两个晶粒的自由晶界相连，构成两条线的交点。在判定晶界连通的时候，第二类是必须考虑的，它是晶界扩散的一种路径。除此之外，二叉交点的设定目的也在于对晶界通路进行微分，台阶节点虽然不是物理意义上的交点，但在此处看作为几何意义上的断点，将通路的寻找过程一段一段的拆解和计算，在不影响最终计算结果的前提下提高了模型的运算效率。

值得注意的是，根据模型得到的连接频分布规律总是在 9%时达到最低值，在 5%时达到最高值，此外，耐腐蚀能力最强的两个边界之间的 120°分布不随冷轧率的变化而变化。由此推测，120°边界的角度分布对试样的耐腐蚀性比 C_f 有更大的影响。图 7-8（f）显示了不同压下率的奈奎斯特图（3.5%氯化钠溶液中浸泡 168h 后），在 9%的还原试样中，Nyquist 图中容抗弧的直径大于其他试样。事实上，通过多种方法对腐蚀电阻（如低频和阻抗）进行了分析，冷轧变形率为 9%的试样的耐腐蚀性最好，其次为 25%、32%、14%和 5%。

表 7-2 给出了不同冷轧压下率下晶界组织的各种参数。它包含孤立点、单线和三种类型的交点。根据这些数据按照公式计算出 C_f。

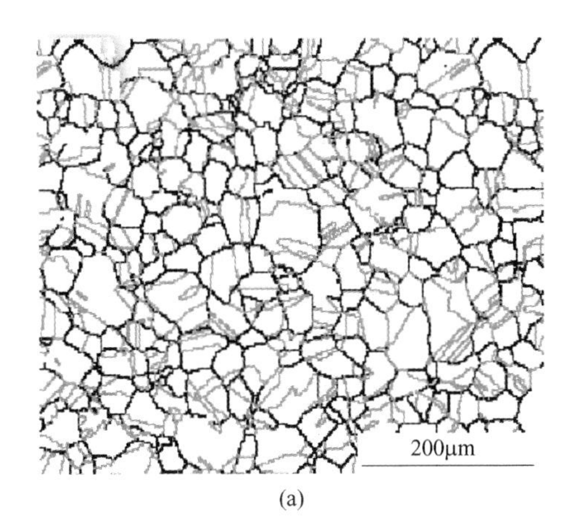

(a)

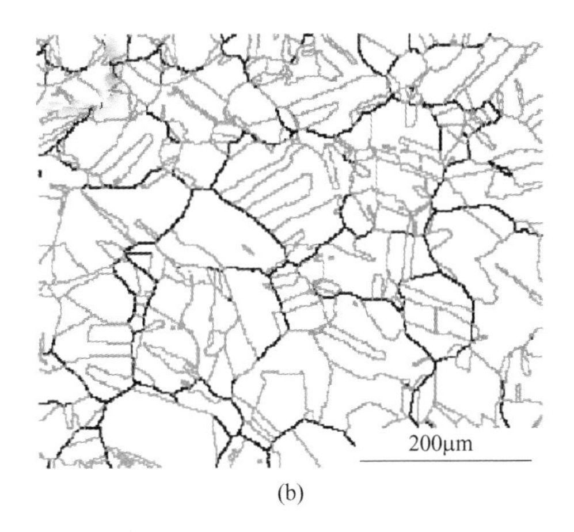

(b)

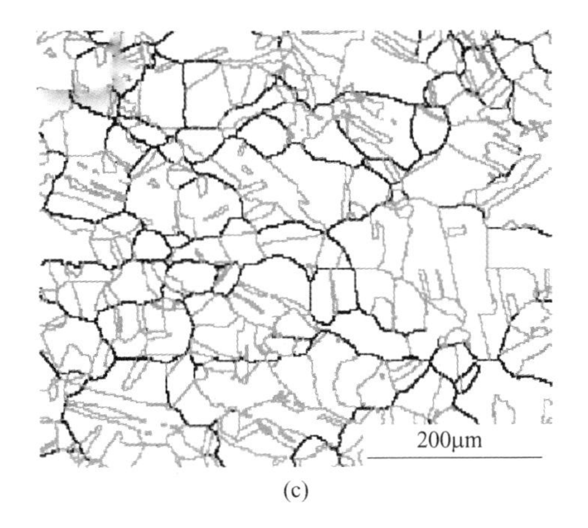

(c)

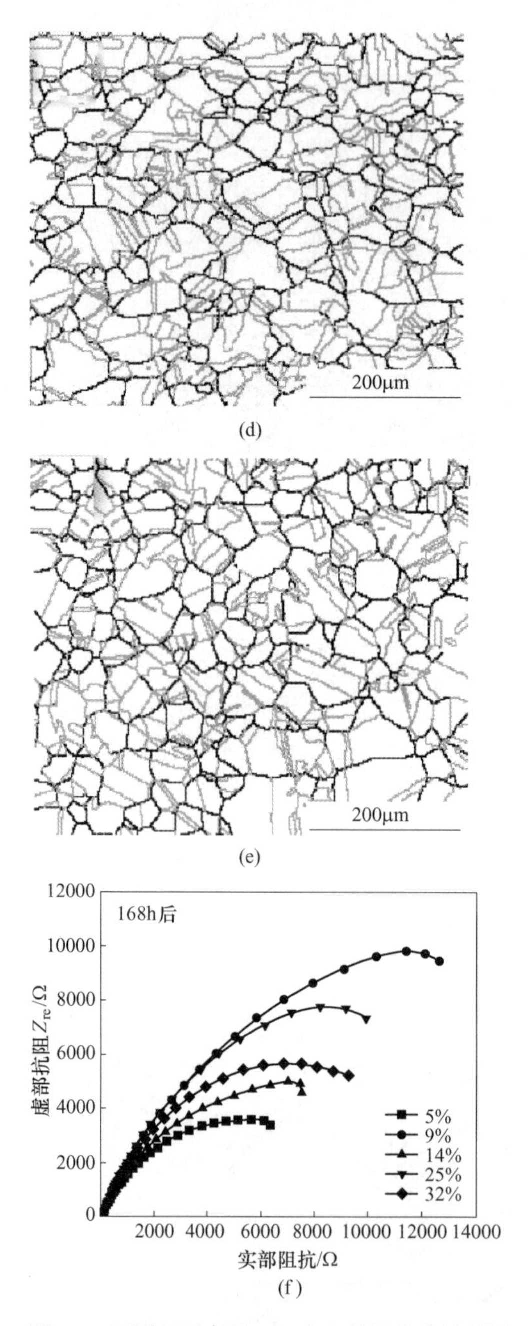

图 7-8　不同压下率的 B10 合金晶界分布特征图

（黑线为自由晶界，灰线为低 ΣCSL 晶界）

（a）5%；（b）9%；（c）14%；（d）25%；（e）32%；

（f）电化学腐蚀结果（能奎斯特图）

表 7-2 不同压下率 B10 合金晶界组织的各种参数

项目		2×					4×				
		5%	9%	14%	25%	32%	5%	9%	14%	25%	32%
弧点		343	75	102	227	202	215	57	91	165	149
单独线		791	368	429	813	599	1426	700	836	1519	982
交点	2	2667	938	1285	1842	2031	3743	1288	1688	2647	2797
	3	542	57	102	268	283	349	28	61	191	213
	4	3	2	0	3	2	6	3	1	2	1
C_f		40727	10956	16899	26494	29369	94649	27386	40212	64941	75722

低∑CSL 晶界分数越高，合金的晶界损伤抗力越强，因为晶界结构有序度更高，界面能越低。随机晶界是整个晶界网络中最脆弱的位置，尤其是最大连通随机晶界网络，任何位置的缺陷都会迅速蔓延到整个网络，并导致材料故障。图 7-9（a）显示了 C_f 的计算结果。多种样品晶界组织的 C_f 在 5%冷轧率下达到最高，在 9%时达到最低，变化规律由高到低分别为 5%、32%、25%、14%和 9%。图 7-9（b）显示了低∑CSL 晶界、随机晶界和晶粒尺寸随冷轧压下率的分数变化而变化。结果表明，当轧制压下率为 9%时，具有较高的 CSL 边界分数、较低的随机边界和较大的晶粒尺寸，具有良好的耐腐蚀性并与 C_f 的计算结果相一致，5%的压下率可出现相反的效果。然而，对于压下率为 32%、25%和 14%的样品测试结果与腐蚀试验的结果并不一致，这可能是因为有多种因素影响金属的耐腐蚀性，而 C_f 实际上是最基础的测量方法，它只反映了晶界与晶界之间的连通强度，而不能从晶界之间的相对位置信息去解释晶界与耐腐蚀性之间的关系。因此，为了更可靠地描述晶界特性与耐腐蚀性的定量关系，对模型作了改进。

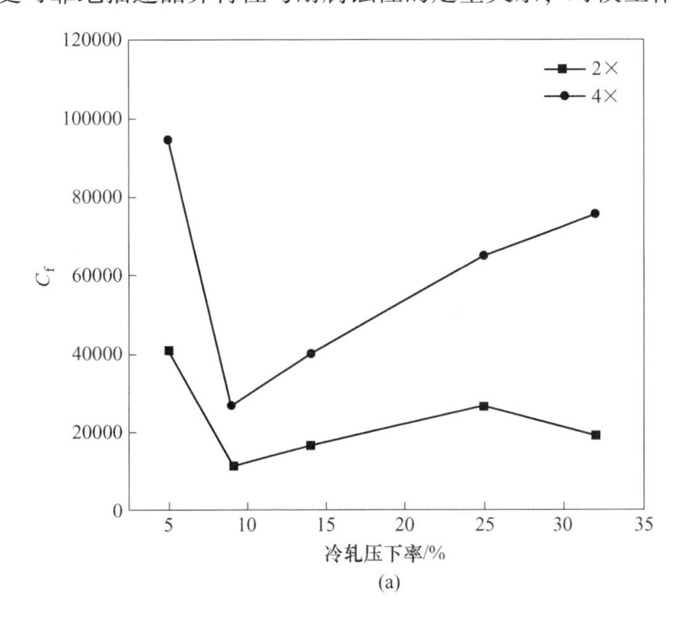

(a)

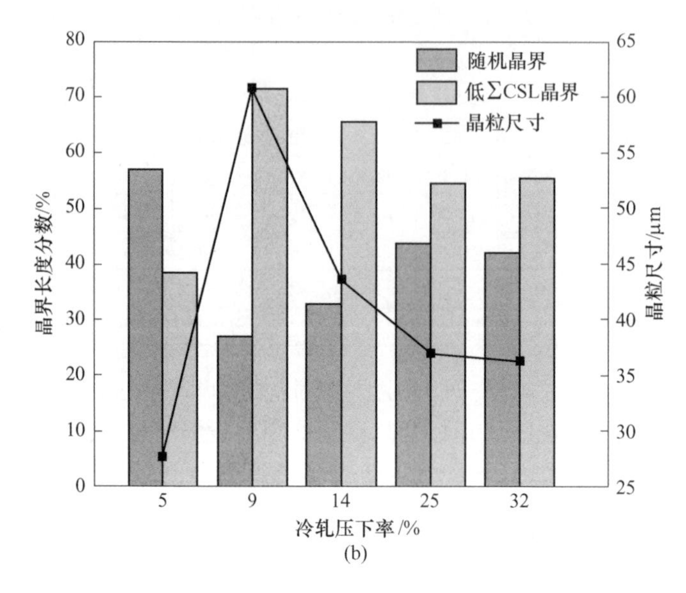

图 7-9　不同压下率的晶界特征统计结果

(a) 连通频；(b) 晶界特征与晶粒尺寸随冷轧压下率的变化规律

7.3　模型的改进

7.3.1　三叉界角的计算

图 7-10 所示为由随机晶界构成的三叉界角。部分研究者指出界角角度的大小和分布对腐蚀路径的传播可能更为重要。

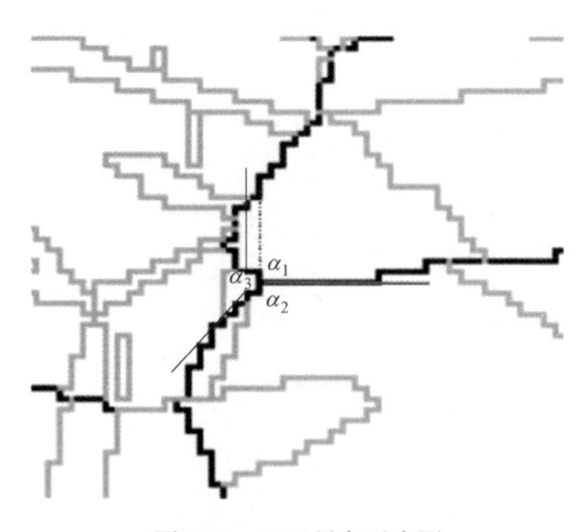

图 7-10　三叉界角示意图

为了计算角度，本书首先将三叉交点周围的区域划分为 4 个象限，并根据晶界密度差异选择不同的象限宽度，然后计算每个选定区域内存在的像素点个数并舍弃包含点数最少的区域，对其余 3 个象限的点各自进行拟合。其次，在 3 条直线上选择 1 个属于当前象限的数据点，并计算由交点和这 3 个点形成的 3 个矢量间的夹角，最后对所有的角度的分布进行统计。改进模型对三叉界角的计算和分布统计的算法伪代码见表 7-3。

表 7-3 三叉界角的计算与统计算法伪代码

```
Calculation of the angle of the trigeminal grain boundary
---------------------------------------------------------
Input: I. R, C, T  // image, row, column, and type of the intersection
Output: A, F // angle, frequency
begin
  read (I); //Read the original image
  for each intersection whose type is three (trip junction)
      initialization flag array quadrant = [0, 0, 0, 0];
      Count the number of pixel points in the four quadrants with the N * N size around the intersection (N=8 in
this paper) and store them in the array;
      Screen out the three quadrants with more pixel points;
      All points in each quadrant are fitted to a line;
      calculate the angle between any two lines in trip junction;
  endfor
  taking 60° as an interval, counting the frequency of occurrence of each interval;
end
```

考虑到连通频和界角是从两个不同的角度去衡量晶界的连通性，因此模型在将两者结合时赋予了两者不同的权重（α 和 β）。在界角中，120°说明再结晶基本完成，晶界不再迁移，从材料学上的渝渗理论来看，连通性越好的，界角越远离 120°，其腐蚀性能肯定越差，因此在三叉界角中以 120°为目标角，它可能对样品的耐腐蚀性有更大的影响，当晶界角大于或小于 120°时，大晶粒为凹形，小晶粒外为凸形，最小晶粒的形态与等边三角形相似，因此以 60°为分隔区间，最小目标角度设计为 60°，最大为 180°。经过多次测试，在连通模型中给出量化公式：

$$C = \alpha^{*} p(C_{\mathrm{f}}) + \beta^{*} p(A_{60^\circ \sim 180^\circ}) \tag{7-14}$$

其中，$p(C_{\mathrm{f}})$ 为不同压下率的样品连通频归一化运算结果；$p(A_{60^\circ \sim 180^\circ})$ 为60°~180°的界角在所有界角中的占比。

7.3.2 改进模型的运算结果

表 7-4 显示了模型得出的三叉界角的详细参数，包括 6 个区域的角度频数和目标区域频数占比。

表 7-4　三叉界角的详细参数

项目		2×					4×				
		5%	9%	14%	25%	32%	5%	9%	14%	25%	32%
晶界界角	0°~60°	94	1	17	34	27	5	2	16	1	0
	61°~120°	338	34	57	134	153	131	31	33	61	60
	121°~180°	365	33	62	169	175	95	23	36	37	38
	181°~240°	51	1	9	5	11	3	1	11	0	1
	241°~300°	13	0	2	3	0	0	0	0	0	0
	301°~360°	0	0	0	0	0	0	0	0	0	0
$p(A_{60°\sim180°})$		0.816	0.971	0.809	0.878	0.896	0.965	0.947	0.718	0.989	0.989

图 7-11 所示为不同 α 和 β 的运算结果。可以看出随着权重的不同，模型对测试材料的预测性能也不同。特别的是，随着 α 的提高和 β 的降低，性能预测结果逐渐背离腐蚀实验结果，当 $\alpha=0.7$、$\beta=0.3$ 时，2 倍分辨率图像的预测结果几乎完全与实际结果相反，这也更加证实了连通频对材料的抗腐蚀性的影响程度要低于晶间夹角，根据实验结果，本方法将 α 设定为 0.3、β 设定为 0.7，这与腐蚀实验结果是相一致的。

从计算结果来看，第一种数值方法主要集中在连接频率上，但这种方法仍有一些局限性，例如图像分辨率会影响连接交叉口的判断。第二种方法更准确，与腐蚀结果一致，图像分辨率差异较小。

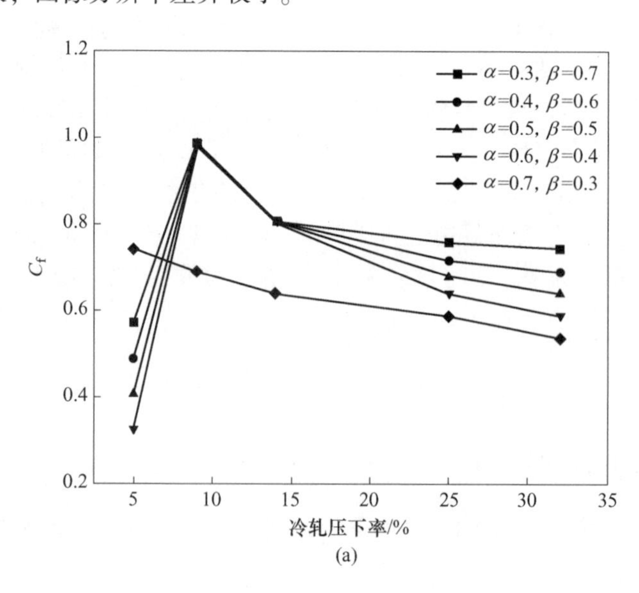

(a)

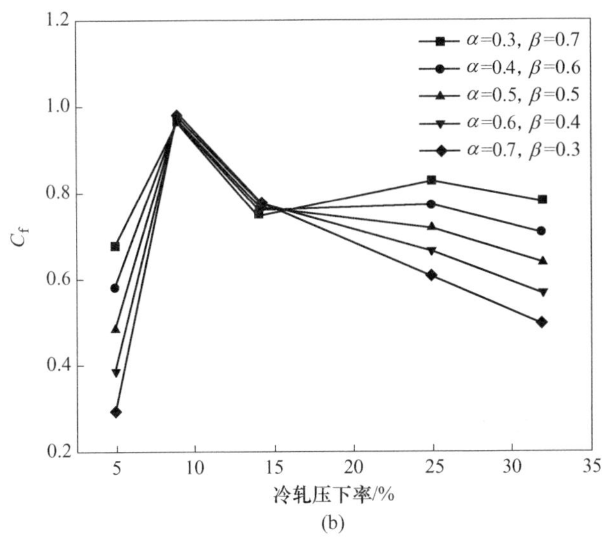

(b)

图 7-11 不同权重及分辨率下模型的预测结果

(a) 2×; (b) 4×

7.3.3 模型的敏感性分析

自然界中的金属晶界是在立体空间中延伸分布，但目前世界上已有的成像条件只能从平面上对晶界进行表征，这种表征显然只能表征一部分晶界特性，仅有图像中心区域部分的晶间夹角是最准确的，越靠近图像边缘，类似于正视地球仪上的经纬线，夹角的误差越来越高。因此尽管上述模型的建立利用的是 EBSD 图像的低偏差区域，但为了更好地降低平面图像带来的预测误差，研究模型的敏感性仍然是很有必要的，图 7-12 所示为模型对 5 种不同大小的区域图像各 50 幅进行预测后的平均结果。

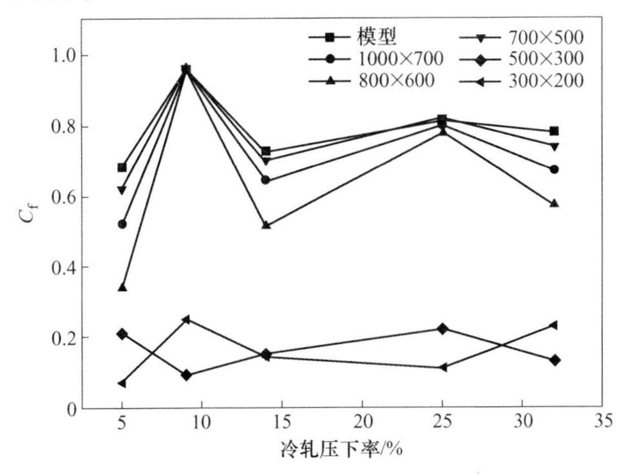

图 7-12 模型对不同区域大小的图像的预测性能

从预测结果和腐蚀试验结果对比可知，模型的预测性能先升高后降低，在 800mm×600mm 区域大小时，预测结果最接近实验结果，而后随着区域面积的不断减小，预测性能逐渐降低，当区域面积降低至 500mm×300mm、300mm×200mm 时，模型的预测出现了大幅度的偏差，这主要是因为过小的区域中可能不会出现目标界角导致其占比为 0，即 C 的大小完全由 $\alpha^* p(C_f)$ 决定，这导致预测能力严重下降。

7.4 本章小结

本章验证了用计算机模型来建立 B10 铜镍合金晶界连通性与耐蚀性的关系是可行的。根据晶界交点类型的区别提出了晶界连通频的计算方式，还利用统计晶间夹角计算方法得到其分布特征，最终建立了包含晶界连通频和晶间夹角两种特征的晶界连通模型。从初步模型到改进的模型可发现晶界连通频和晶间夹角这两种不同的提取特征对合金的抗腐蚀性具有不同的影响力度，用建立的晶界连通模型进行的抗腐蚀性能预测与物理实验的结果相吻合，同时分析出在 9%压下率中 B10 合金具有最强的抗腐蚀性能，且较高的连通频及较低的界角（60°～180°）占比对 B10 铜镍合金的抗腐蚀性能是不利的。另外，本章对模型最后的敏感度分析也为下一章节缩小卷积神经网络的输入图像尺寸的合理性奠定了基础。

8 基于优化卷积神经网络的 B10 铜镍合金耐蚀性预测

以卷积神经网络为代表的深度学习技术近些年来已在很多方面取得了重大突破，特别是在计算机视觉领域，如图像分类、目标检测、图像分割等，都取得了较大的技术进展，而其应用更是深入至建筑业、林业、医学业等众多行业。

随着各种网络模型的提出，越来越多的优化策略也不断被发掘。Cheng 等人提出一种短链接将底层特征图直接映射至高层的 ResNet 网络结构，使得部分数据在前向传播过程中跳过一些没有经过完善的训练层次，从而提高网络的训练效果。Girshick 等人提出的 R-CNN 在提取特征时将传统的特征转换成了深度卷积网络提取的特征，然后利用 SVM 进行分类并在经过非极大值抑制后输出结果。该操作有效地提高了模型准确度但计算量太大，耗时较多，为此又提出了不使用 SVM 分类器的 Fast R-CNN，新模型使用神经网络进行分类，使得分类网络和特征提取网络能够同时训练，既提高了模型准率度又降低了时间消耗，但 Fast R-CNN 的不足在于其需要先使用 Selective Search 提取框，这个操作往往占据了大部分的耗时，因此在改进的 Faster R-CNN 中，改用 RPN 网络（Region Proposal Network）替代 Selective Search，不仅使检测速度大幅提高而且检测结果也更加精确。

为了更好地建立 B10 铜镍合金抗腐蚀性能预测模型，本书首先提出一种适用于晶界图像处理的网络体系结构，在利用第 7 章得出的晶界连通性模型敏感度对晶界图像尺寸进行预处理之后，通过对传统卷积过程的分析给出一种新的分步卷积算法达到降低额外参数消耗的目的，然后通过浅层的最大池化以及深层的学习型单通道池化操作策略在参数量和训练效果中取得平衡。最后，利用多层特征的融合学习使得参与训练的特征更加具有辨别性，从而取得更加准确的分类预测效果。

8.1 相关基本理论

8.1.1 卷积神经网络预训练过程

CNN 是一种前馈神经网络，其结构层的功能和形式在传统神经网络的基础上做了改进，通过提取图像特征，最终能够获得一幅图像的高级语义特征。网络层次越深，提取的特征表示就越抽象，主要辨别特征越明显，从而能更好地表现出图像主题，在图像分类预测任务中的辨识能力也就越强。CNN 的基本结构包含输入、卷积、池化、全连接及输出 5 个层次。卷积层和池化层常常会采用多个且交叉构筑。在卷积层中输出特征面的各个神经元与其输入进行局部连接，对应输入与连接权值加权求和再与偏置相加从而得到该神经元输入值，CNN 正是由于该过程与卷积过程类似而得名。网络在训练中分为前向传播和反向传播两个过程。

（1）前向传播过程。此阶段中对输出值的计算方式为：

$$y^{(i)} = f\left(b^i + \sum_{j \in m} W_j^i * \boldsymbol{x}_j^{(i-1)}\right) \tag{8-1}$$

其中，$y^{(i)}$ 为第 i 个卷积层的输出；$f(x)$ 为选取的激活函数；b^i 为偏置；W_j^i 为第 i 层第 j 个输入通道对应的卷积核权值；$*$ 为卷积运算；$\boldsymbol{x}_j^{(i-1)}$ 为输入向量；m 为输入特征通道集，对于激活函数的选取一般常用的有 Sigmoid、ReLU 等。

（2）反向传播过程。前向传播过程的最终结果是输出对各个样本的标签预测结果，根据该结果和已设定的预测目标值，将网络的目标函数定义为：

$$E(W) = \min \sum_{i=1}^{N} L(z_i) + \lambda \| \boldsymbol{W} \|^2 \tag{8-2}$$

其中，N 为样本数量；$L(x)$ 为选定的损失函数；z_i 为正向传播过程中最后一层的输出；λ 为网络在本次迭代中所占权值 W 的比重；$L(x)$ 需要根据应用环境的不同而定，常见的有指数损失函数、Hinge 损失函数、交叉熵损失函数等。本书选取的即是基于 Softmax 分类器的交叉熵损失函数。Softmax 将网络最后输出 z 通过指数转变成概率形式，其计算公式为：

$$p_i(z) = \frac{e^{z_i}}{\sum_{j=1}^{k} e^{z_i}}, \quad i = 1,\ 2,\ \cdots,\ m \tag{8-3}$$

其中，e^{z_i}为类别 i 的网络输出指数；$\sum_{j=1}^{k} e^{z_i}$ 为所有类别网络输出的指数和。同时，根据 $p_i(z)$ 来预测 z_i 所属类别的概率。在此基础上，定义损失函数为：

$$L(z_i) = -\lg p_i(z) \tag{8-4}$$

通过梯度下降算法对每一层的卷积核参数和偏置求导得到其更新值，直到损失函数达到最小。

8.1.2　池化层和特征融合简介

池化层跟在卷积层之后，它的每个神经元对局部接受域进行池化操作，其目标是使位置和比例的变化具有不变性以及在特征图内部和跨特征图间聚合响应。

对于池化层的改进可以分成基于手工池、随机池、学习池 3 个方向，常见的池化例如最大池化和均值池化都属于手工池化，而随机池化是在一个池化窗口内对特征图数值进行归一化，并将归一化后的数值大小作为其概率值随机采样选择，元素值越大被选中的概率也大，基于学习的池旨在使池适应数据集以保证在训练阶段将训练错误最小化，在本书中对池化层的改进方向即是基于学习的池。

特征融合是一种新起的技术，考虑到机器学习算法必须克服的一个障碍是依赖于处理数据才能工作，算法只能根据数据做出预测，而这些数据由相关变量（即特征）组成，如果计算的特征不能清晰地显示预测的信号，那么偏置就不会将模型带到下一个层次。而特征融合的优势在于：

(1) 数据点之间的相互关系可以推断出重要的特征。

(2) 数据可以很容易地在不同的数据集之间合成。

(3) 识别不同个体之间的关系可以帮助获得新特征。

因此特征融合可以丰富特征的多元化，从而促进深度学习的推进。

8.2 优化的卷积神经网络

基于优化卷积神经网络的 B10 铜镍合金抗腐蚀性能预测主要分为图像预处理、图像特征的提取及处理，以及全连接层的分类 3 个部分。相比传统图像分类方法，卷积神经网络拥有特征自主提取和自主学习的能力，并通过权值共享的方式降低了全连接层所需神经元的数量，简化了网络结构从而使其计算量下降，并且 CNN 可以通过迁移学习将已经学习的特征应用至其他预测任务中，增强了通用性和预测准确率。因此本书利用卷积神经网络对 B10 铜镍合金的晶界分布特征进行提取并通过分步卷积、不同网络深度的池化策略选择、多层特征融合 3 种方法来提高网络模型的性能。

8.2.1 网络体系结构

图 8-1 给出了由 6 个卷积层和 3 个全连接层构成的网络分层结构，每个卷积层的激活函数均为 ReLU。

具体结构参数如下。

输入：799×611×1 尺寸的二值化晶界图像。

卷积层 1：11×11 大小的卷积核 128 个，步长为 4，不补零（用 $p=0$ 表示）；最大池化：核 3×3，步长为 3；参数数量：61KByte。

卷积层 2：5×5 卷积核 256 个，步长为 3，4 边各填充 1 层 0（用 $p=1$ 表示）；最大池化：核 3×3，步长 1；参数数量：3.1MByte。

卷积层 3：3×3 卷积核 512 个，步长 1，不补零；无最大池化层；参数数量：4.5MByte。

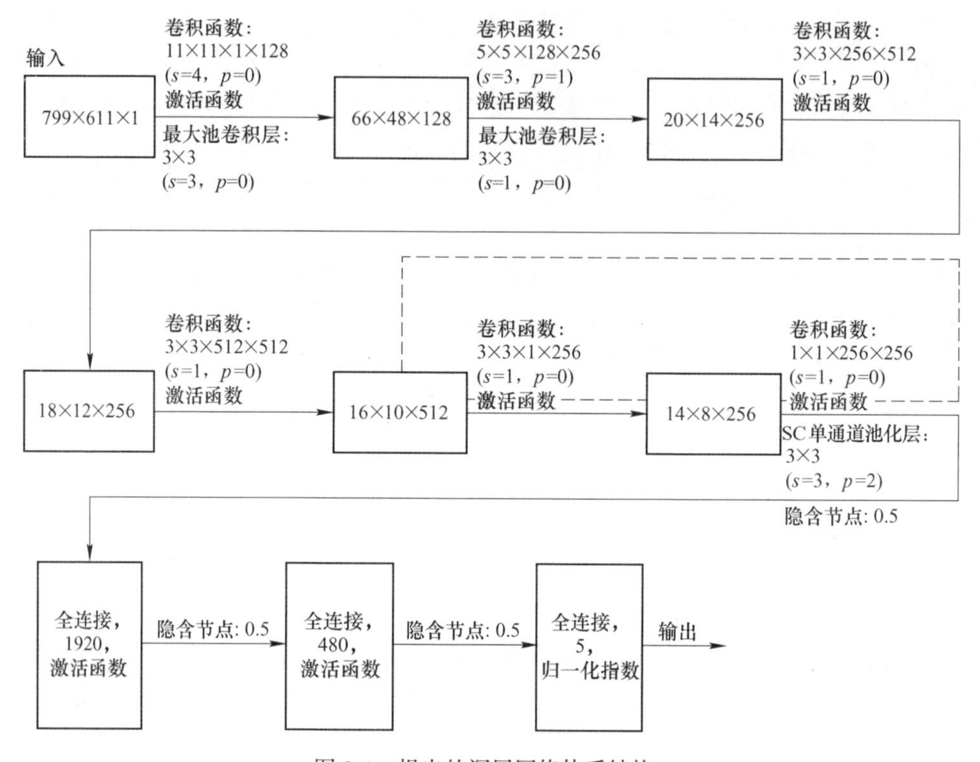

图 8-1　提出的深层网络体系结构

卷积层 4：3×3 卷积核 512 个，步长 1，不补零；无最大池化层；参数数量：9. 0MByte。

卷积层 5：3×3 卷积核 256 个，步长 1，不补零；无最大池化层；参数数量：10KByte。

卷积层 6：1×1 卷积核 256 个，步长 1，不补零；单通道池化层（SC 单通道池化层）：核 3×3，步长为 2，4 边各填充 2 层 0（用 $p=2$ 表示）；参数数量：2. 5MByte。

全连接层 FC1、FC2、FC3 分别为 3840 维、480 维、5 维，由于上一层的输出连接成为向量作为第一层的输入，所以第一层参数数量为 0，第二、三层参数数量分别为 7. 0MByte 和 9. 4KByte。

8. 2. 2　分步卷积

如图 8-2 所示，对于一个输出特征通道，传统的卷积可以分为两个步骤：第一步，每个滤波器扫描其相应的输入特征通道，输出 M 个中间响应通道（对于每个输出特征通道，滤波器是不同的)。第二步，将 M 个中间响应通道加在一起，生成一个输出特征通道。

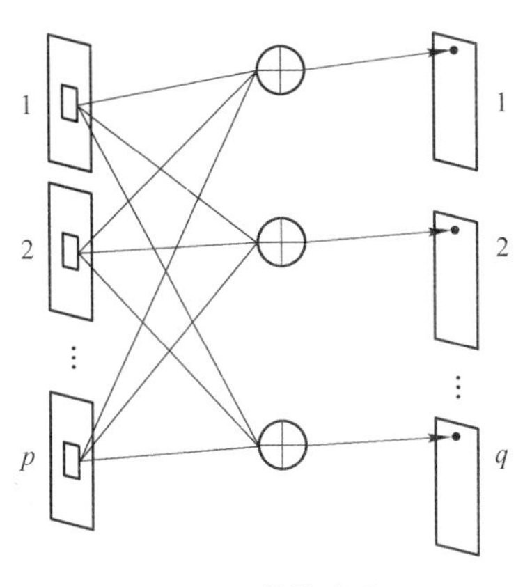

图 8-2 传统卷积

显然，传统的卷积操作使用所有的输入特征通道来生成每个输出通道，这将消耗大量的额外参数，为克服这一缺点本书提出了如下的卷积操作。

第一步，将每个滤波器仅仅作用于一个中间通道而不是所有的中间通道，这些滤波器在其对应的输入特征通道的各个区域是共享的，并且在训练阶段仍然由反向传播算法进行更新。经过滤波器的输入输出映射可以表示为：

$$Y_{m,n}^{k} = \sum_{m,n \in \Omega} W_{m,n}^{k} X_{m,n}^{k} \tag{8-5}$$

其中，$W_{m,n}^{k}$ 为第 k 个输入特征通道中的滤波器；$X_{m,n}^{k}$ 为位于第 k 个输入特征通道中在（m,n）位置的特征值；Ω 为当前处理特征的区域；$Y_{m,n}^{k}$ 为位于第 k 个输出特征通道中在（m,n）位置的特征值。

两种操作的区别之处在于新的卷积操作中每个滤波器只依赖于相应的输入特征通道而不使用其他输入通道去生成中间通道，假设每个滤波器的大小为 $w \times h$，并且有 p 个输入特征通道，那么单通道滤波器可以用 $w \times h \times 1 \times p$ 表示，其中 1 表示每个单通道滤波器依赖于一个单独的输入特征通道，因为是单通道，所以中间通道同样为 p 个。简单的计算可知，这一步的滤波器需要 $S_1 = w \times h \times p$ 个参数，与传统的卷积池消耗的参数 $C_1 = w \times h \times p \times q$ 相比显然要小得多。

第二步，以 p 个中间通道为输入，用 $1 \times 1 \times p \times q$ 表示的滤波器对其进行组合生成 q 个输出特征通道。同样可以算出，这一步的滤波器需要 $S_2 = p \times q$ 个参数，而传统卷积这一步消耗的参数 $C_2 = 0$，结合上一步可得，新的卷积操作共消耗参数 $S = S_1 + S_2 = w \times h \times p + p \times q$，而传统卷积消耗参数 $C = C_1 + C_2 = w \times h \times p \times q$，对比两者可知当输出通道较大时，$S$ 要远远小于 C，因此在本书网络的体系结构中，选择在输出通道较高的层次用新的卷积操作替代传统的卷积操作，如图 8-1 中虚线框部分所示。

图 8-3 展示了新的卷积操作的整个过程，而表 8-1 则展示了新旧两种卷积的参数对比。

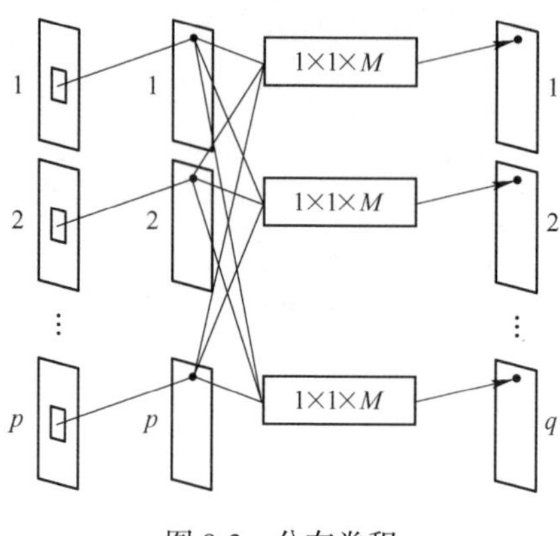

图 8-3　分布卷积

表 8-1　新旧两种卷积的参数对比

项　　目	传统卷积	分布卷积
滤波器	$w×h×p×q$	$w×h×1×q$ $1×1×1×q$
参数量	$w×h×p×q$	$w×h×p+p×q$

8.2.3　不同网络深度的池化策略选择

池化操作常常需要对输入的特征图进行压缩，一方面使特征图变小，简化网络计算复杂度，另外可以压缩特征从而提取主要特征。这就意味着池化操作不可避免的伴随着信息的丢失，尤其是网络结构的深层，池化对象往往是提取出的高层次特征图像，信息的丢失对模型分类准确度的影响更大。

在本书的网络体系结构中，浅层的池化操作选择传统的最大池化，对于 799 ×611 的输入图像，这样做有利于快速降低计算量，同时，由于需要训练的晶界图像中仅包含两种像素值，且边界在图像中的分布相对较为稀疏，因此在网络浅层选择最大池化也保证了处理区域中若有边界像素，则必会被选中且保留。

而在网络结构的深层，受上述单通道滤波器的启发，将池化操作用学习型的单通道滤波器替代，滤波器的参数随着训练中后向传播算法而得以更新，这种基于学习的池可以保证在训练阶段将训练错误最小化，同时在深层也可以减少特征信息的丢失，能够获得比最大池化更好的性能。

8.2.4 多层特征融合学习

卷积神经网络浅层提取的特征含有很多图像细节信息，深层提取的特征含有更多的抽象特征，将不同网络层次提取的细节特征和抽象特征融合在一起更加有利于表现力的多元化。通过对本书网络各层得到的特征图进行反卷积可视化可知，卷积层 2 主要提取的是具有边缘属性的低层特征，卷积层 3 提取的是局部属性不规则变化的纹理特征，卷积层 6 学习到的则是完整的，具有辨别性关键特征，结合本书的晶界图像的自有特性，将具有一定辨别意义的卷积层 2、卷积层 3 提取的特征进行融合再学习，具体的学习架构如图 8-4 所示。

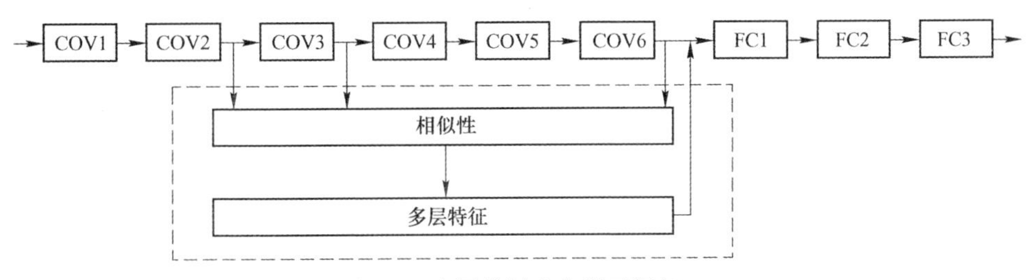

图 8-4 多层特征融合学习框架

图 8-4 中在虚线框内是多层特征融合模块，融合步骤可以概括如下：

（1）从 3 个卷积层中各随机抽取 64 个通道的 3 张特征图（即 64 组，每组 3 张），并用 resize 函数统一归一化至 10×6 尺寸。

（2）将每张特征图中像素值连接成向量，并用余弦相似性度量公式计算同组特征图转化的 3 个向量之间的相似性并将计算出的 3 个结果相加。

（3）选择相似度最小的 16 组特征向量，并将每组内的 3 个向量聚合成为 1 个特征向量。

（4）将这 16 个特征向量全连接至 FC1 中然后送入分类器。余弦相似性度量计算公式为：

$$\text{similarity} = \cos\theta = \frac{A \cdot B}{\| A \| \ \| B \|} = \frac{\sum_{i=1}^{n} A_i \times B_i}{\sqrt{\sum_{i=1}^{n} A_i^2} \times \sqrt{\sum_{i=1}^{n} B_i^2}} \tag{8-6}$$

式中，A，B 为特征向量。

8.3 计算结果与分析

计算旨在证明：

（1）引入的改进算法能够提高基于 CNN 的方法在处理图像分类上的效果。

（2）将网络架构和算法应用至晶界图像中能够实现良好的晶界抗腐蚀性能预测。

为了验证本书所提方法的有效性，本书实验利用 TensorFlow1.5 实现如图 8-1 所示的经过优化的深度学习框架，采用预训练网络模型的方式，训练机环境为 Ubuntu16.10 系统，实验在配置有 3.1GHz Intel 酷睿 i5-7200U 中央处理器，8G 内存和 GTX1050Ti 显卡的环境下进行预测。8.1~8.4 节实验的验证采用公共数据集 CIFAR10、CIFAR100，8.5 节实验的验证采用江西理工大学铜产业研究院提供的 B10 铜镍合金晶界数据集，包含 5 类代表不同抗腐蚀性能的晶界图像各 500 幅。

8.3.1　传统卷积与含有分步卷积的网络架构对比

本次实验在维持特征融合和池化策略的条件下，测试分布卷积和传统卷积的性能差异，以误差率和网络参数数量作为评价指标对 CIFAR10、CIFAR100 进行了比较。误差率的定义为：

$$误差率 = \frac{被错误分类的图像}{被分类的图像总数} \times 100\% \tag{8-7}$$

比较结果见表 8-2。对于 CIFAR10 数据集，本书的分步卷积将误差率从传统卷积的 10.97%降低至 9.72%，从而将性能提高了 1.25%，对于 CIFAR100 数据集，将误差率从 30.12%降低至 29.25%，性能略提高了 0.87%。此外，模型消耗的额外参数从 4.5M 降至 2.506M。结果表明，分步卷积有利于分类准确度的提高和参数数量的降低，其原因在于：一方面，传统卷积的滤波器是 $W \times H \times Q$ 三维张量，而所提出的分步卷积的单通道滤波器是 $W \times H$ 二维张量，因此，所提出的方法参数数目比传统卷积滤波器的参数数目少一阶。另一方面，在一定量的训练数据下，该方法的参数约简能力能更加有效地处理过拟合问题，因此，该方法比传统卷积具有更高的分类准确度。

表 8-2　两种方案的结果对比

项　目	传统卷积	分步卷积
CIFAR10 的误差率/%	10.97	9.72
CIFAR100 的误差率/%	30.12	29.25
参数量/Byte	4.5M	2.25M+256K

8.3.2　传统单道次池化与含有深层最大池化策略的网络架构对比

本次实验在维持特征融合和分步卷积的条件下，测试不同池化策略的性能差异，以误差率和训练误差收敛速度作为评价指标对 CIFAR10 进行了比较。为此，定义5000次迭代（每次迭代遍历25000个样本）为1个Epoch。

误差收敛情况如图8-5所示，从第2个到第14个Epoch，手工最大池化的训练误差均比单通道学习池化要小，这是因为训练起步阶段最大池化丢失的特征并不能对识别的准确度产生足够的影响，但值得注意的是，单通道池化的误差收敛幅度比手工最大池化要大，因此，从第15个Epoch开始，单通道池化的训练误差已经要小于手工最大池化，原因在于学习型单通道池化的滤波器随着反向传播同样会更新滤波器内的参数以更好地适应主要辨别特征的提取，同时减少了深层特征的丢失，更有利于训练误差向最小化收敛。

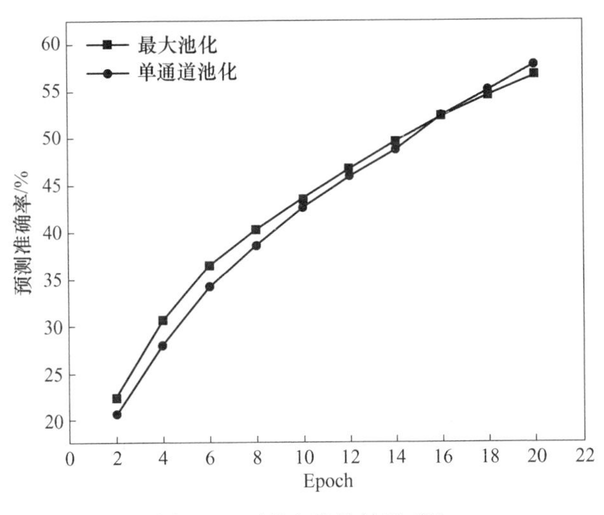

图8-5 两种方案的结果对比

误差率的比较结果见表8-3，对于CIFAR10数据集，本书的深层单通道池化策略将误差率从最大池化的13.56%降低至9.72%，从而将性能提高了3.84%，需要指出的是，学习型的深层单通道池化对于分类准确度的提升效果要强于分步卷积的优化效果，这里的原因是分步卷积重在降低训练消耗的参数量，减小计算量，尽管简化参数能够促进过拟合问题的解决，但仍不如深层辨别特征的保留带来的准确度提升强度。

表8-3 两种方案的误差率对比 (%)

项　目	最大池化	单通道池化
CIFAR10	13.56	9.72

8.3.3 传统不含特征融合与含特征融合的网络架构对比

本次实验在维持池化策略和分步卷积的条件下，测试特征融合与否带来的性能差异，同样以误差率作为评价指标对CIFAR10、CIFAR100进行了比较。

误差率的比较结果见表8-4，对于这两个数据集，特征融合的性能分别提高了2.61%和2.29%，至此也可看出三种改进手段中，从对准确度的提升的角度来看：单通道池化最优，特征融合和分步卷积依次靠后，从简化计算来看，分步卷积最优，特征融合和单通道池化依次靠后。

表8-4 两种方案的误差率对比 (%)

项 目	不做特征融合	特征融合
CIFAR10	12.33	9.72
CIFAR100	31.54	29.25

8.4 在公开数据集下与其他方法对比

本次实验将所提出的优化CNN和增强的ALEXNET、Supplement CNN、R-CNN、Integrated CNN在CIFAR10、CIFAR100两个数据集下作对比。详细的对比数据见表8-5，可见在中等训练数据下本方法的准确率略有优势，而在更大的数据集下并不能达到最优秀的准确率，这是考虑到本书模型的主要应用场景是合金的晶界图像，收集到足够的训练图像是十分困难的，同时也不能够用折叠、裁剪等一些常规手段来处理晶界图像以增加训练集，因此，放弃一些更为复杂的改进方案去有针对性地分配计算资源有利于工程的实际应用效果。

表8-5 五种模型误差率对比 (%)

项 目	CIFAR10	CIFAR100
强化 Alexnet	9.80	28.15
Supplement CNN	12.67	34.16
R-CNN	10.26	31.75
Integrate CNN	11.63	30.05
本书算法	9.72	29.25

8.5 本法应用于晶界图像分类预测结果

本次实验将书中建立的优化网络模型应用于晶界图像的分类任务中，每类晶界图像各取50张图像作为测试集，剩余2250张作为训练集。实验同样对比于上述四种改进网络模型，分类准确率对比结果见表8-6。

表 8-6　5 种模型准确率对比　(%)

项　目	晶界图像
强化 Alexnet	79.75
Supplement CNN	77.14
R-CNN	77.92
Integrate CNN	81.33
本书算法	81.56

受到训练集数量的制约，5 种网络模型的分类准确率均有不同幅度的下降，但本书提出的优化网络模型仍具有最高的分类准确度。原因在于晶界图像中本身能够挖掘的特征信息并不多，而文献改进中的最大均值池化并不能更好地保存高层特征，该书中的其他改进方案如全连接层引进的哈希编码则更倾向于处理大规模的图像分类处理任务，也因此能够在 8.4 节实验 CIFAR100 的分类准确率中高于本书模型，但在当前分类任务的环境下仍然不能满足需求。文献将卷积层提取的特征图取反，同原特征图一起作用于激活函数的策略并不适用于本书的应用环境，原因在于需要处理的图像本身就是二值化的边界图像，此种优化操作并无明显优势，因此，在 5 种模型中其性能也最差。值得一提的是文献的集成卷积神经网络，对比运用 8.4 节公开数据集 CIFAR10 的实验到本次实验，本模型的准确度差值从 1.91%缩小到 0.23%，尽管仍低于本书方法，但利用图像复杂度以及集成网络来加强训练效果的手段对晶界图像的分类预测任务或许是有效的。

8.6　本 章 小 结

为了验证深度卷积神经网络能够应用于晶界图像的分类预测任务当中，本章首先给出了建立的卷积神经网络体系结构，接着提出了三种对卷积神经网络的改进策略，然后用实验将模型与其他 4 种最新的改进模型做了对比以验证本书模型对图像分类的有效性，最后将模型应用至晶界图像的分类任务中。相比于传统的卷积神经网络模型，引入的改进算法能够提高模型在处理图像分类上的效果，同时改进的卷积神经网络模型能够较好地实现对晶界抗腐蚀性能的预测。

由于当前能够在晶界分布结构与金属抗腐蚀性能之间建立的预测模型较少，因此，本模型具有更加良好的晶界工程应用前景。

参 考 文 献

[1] 许江．基于船舶与海洋工程领域的新材料的分析与应用［J］．中国房地产业，2017（2）：247.

[2] 文靖瑜．高强高导铜合金制备方法的研究现状及应用［J］．金属材料与冶金工程，2017（3）：3-9.

[3] 张建丽，朱力华，王大鹏，等．HAl77-2 铜合金管在低温多效海水淡化装置中的耐蚀性［J］．腐蚀与防护，2016，37（6）：484-489.

[4] 顾彩香，张小磊，赵向博．铜合金腐蚀的影响因素及研究状况［J］．船舶工程，2014，36（3）：10-13.

[5] 陈海燕，朱有兰．B10 铜镍合金在 NaCl 溶液中腐蚀行为的研究［J］．腐蚀与防护，2006，27（8）：404-407.

[6] 张云超，钟毅，陈凯锋，等．水下安装支架的防腐防污研究［J］．应用科技，2017，44（1）：9-13.

[7] 王广夫．舰船海水管路系统防腐防污技术进展［J］．材料开发与应用，2016，31（4）：108-112.

[8] 田丰，白秀琴，贺小燕，等．海洋环境下金属材料微生物腐蚀研究进展［J］．表面技术，2018，47（8）：182-195.

[9] 信世堡．舰船海水管路腐蚀与防护技术研究进展［J］．装备环境工程，2018，15（11）：98-101.

[10] 陈妙清，张碧波，罗东昌．冷水机组白铜螺纹管泄漏原因分析［J］．材料研究与应用，2017，11（3）：207-210.

[11] 茹祥坤，刘廷光，夏爽，等．形变及热处理对白铜 B10 合金晶界特征分布的影响［J］．中国有色金属学报，2013（8）：2176-2181.

[12] 田荣璋，王祝堂. 铜合金及其加工手册［M］．长沙：中南大学出版社，2002.

[13] 张杰．Cu-Ni 基多元耐蚀合金的稳定固溶体团簇结构模型及成分设计［D］．大连：大连理工大学，2010.

[14] 张强．新型耐海水腐蚀冷凝管用白铜合金的研究［D］．南京：东南大学，2011.

[15] 张强，余新泉，陈君，等．稀土钇含量对 B10 铜合金组织和性能的影响［J］．机械工程材料，2015，39（1）：14-19.

[16] 魏笔．稀土在白铜冷凝管制备中的应用研究［D］．长沙：中南大学，2007.

[17] 路俊攀，李湘海．加工铜及铜合金金相图谱［M］．长沙：中南大学出版社，2009.

[18] 卓海鸥．Y_2O_3弥散强化铜基复合材料的强化机制［J］．稀有金属材料与工程，2015，4（45）：1134-1138.

[19] 张荣伟．铁、锰对 B10 铜镍合金耐蚀性能的影响及机理研究［D］．赣州：江西理工大学，2019.

[20] 刘少峰，林乐耘．Cu-Ni 合金表面膜在海水中的转化行为［J］．材料研究学报，1998，12（1）：20-24.

[21] 马朝利，李周，李廷举，等．海洋工程有色金属工程 [M]. 北京：化学工业出版社，2017.

[22] 冯兴宇．白铜 BFe10-1-1 合金晶界特征分布优化及耐蚀性能研究 [D]. 赣州：江西理工大学，2018.

[23] 王煜明，许顺生．X 射线衍射学进展 [M]. 北京：科学出版社，1986.

[24] 陈科．C、N 元素对 Fe-Mn-Si 合金层错几率的影响和微结构的 HREM 表征 [D]. 上海：上海交通大学，2008.

[25] 漆璿，江伯鸿，徐祖耀．FeMnSi 基合金中层错几率的 X 衍射线形分析法测定 [J]. 理化检验：物理分册，1998 (2)：16-18.

[26] 张振峰．稀土在紫铜及白铜合金中的作用规律及应用研究 [D]. 长沙：中南大学，2007.

[27] 郝齐齐．稀土 Ce 对白铜 BFe10-1. 5-1 合金热变形行为的影响研究 [D]. 赣州：江西理工大学，2019.

[28] 张旭．稀土微合金化对铜基非晶合金形成能力和腐蚀行为的影响 [D]. 北京：中国石油大学，2010.

[29] 刘淑云．铜及铜合金热处理 [M]. 北京：机械工业出版社，1990.

[30] 方晓英，蔡正旭，王卫国．预处理状态对轧制退火后奥氏体不锈钢晶界特征分布的影响 [J]. 热加工工艺，2011，40 (8)：162-165.

[31] 戴礼荣，张仕良，黄智颖．基于深度学习的语音识别技术现状与展望 [J]. 数据采集与处理，2017，32 (2)：221-231.

[32] 柴雪松，朱兴永，李健超，等．基于深度卷积神经网络的隧道衬砌裂缝识别算法 [J]. 铁道建筑，2018，58 (6)：65-70.

[33] 刘英，周晓林，胡忠康，等．基于优化卷积神经网络的木材缺陷检测 [J]. 林业工程学报，2019，4 (1)：115-120.

[34] 白琮，黄玲，陈佳楠，等．面向大规模图像分类的深度卷积神经网络优化 [J]. 软件学报，2018，29 (4)：1029-1038.

[35] 王强，李孝杰，陈俊．Supplement 卷积神经网络的图像分类方法 [J]. 计算机辅助设计与图形学学报，2018，30 (3)：385-391.

[36] 张晓男，钟兴，朱瑞飞，等．基于集成卷积神经网络的遥感影像场景分类 [J]. 光学学报，2018，38 (11)：1128001.

[37] Ainara L O, Raquel B, Arana J L. Evaluation of protective coatings for high-corrosivity category atmospheres in offshore applications [J]. Materials, 2019 (12): 1325-1345.

[38] Li Yangfan, Ning Chengyun. Latest research progress of marine microbiological corrosion and biofouling and new approaches of marine anti-corrosion and anti-fouling [J]. Bioactive Materials, 2019 (4): 189-195.

[39] Khan M A, Sundarrajan S, Natarajan S. Hot corrosion behaviour of super 304H for marine applications at elevated temperatures [J]. Anti-Corrosion Methods and Materials, 2017, 64 (5): 508-514.

[40] Xing Wenhao, Wang Xiaohui, Guo Bingxiu, et al. Study of the corrosion characteristics of the metal materials of an aero-engine under a marine atmosphere [J]. Materials and Corrosion, 2018 (69): 1861-1869.

[41] Drach A, Tsukrov I, De Cew J, et al. Field studies of corrosion behaviour of copper alloys in natural seawater [J]. Corrosion Science, 2013, 76: 453-464.

[42] Crousier D J, Beccaria A M. Behaviour of Cu-Ni alloys in natural sea water and NaCl solution [J]. Materials and Corrosion, 1990, 41 (4): 185-189.

[43] Dong Xugang, Zhou Jie, Yu Yingyan, et al. Influence of rare earth elements on mechanical properties and corrosion resistance of Cu-15Ni Alloy [J]. Journal of Donghua University (English Edition), 2013, 30 (3): 249-253.

[44] Lin Gaoyong, Yang Wei, Wan Yingchun, et al. Influence of rare earth elements on corrosion resistance of BFe10-1-1 alloys in flowing marine water [J]. Journal of Rare Earths, 2009, 27 (2): 259-263.

[45] Mohammad M I, Mamoun M. Experimental study of the Cu-Ni-Y system at 700℃ using diffusion couples and key alloys [J]. Journal of Alloys and Compounds, 2013, 561: 161-173.

[46] Mohammad M I, Mamoun M. Thermodynamic modeling of Cu-Ni-Y system coupled with key experiments [J]. Materials Chemistry and Physics, 2015, 153: 32-47.

[47] Gupta K P. The Cu-Ni-Y (copper-nickel-yttrium) system [J]. Journal of Phase Equilibria and Diffusion, 2009, 30 (6): 651-656.

[48] Taher A, Jarjoura G, Kipouros G J. Electrochemical behavior of synthetic 90/10 Cu-Ni alloy containing alloying additions in marine environment [J]. Corrosion Engineering, Science and Technology, 2013, 48 (1): 71-80.

[49] Hafner M, Burgstaller W, Mardare A I. The aluminium-copper-nickel thin film compositional spread: nickel influence on fundamental alloy properties and chemical stability of copper [J]. Thin Solid Films, 2015, 580: 36-44.

[50] Du Sanming, Wang Xiaochao, Li Zhen, et al. Effect of Ni content on microstructure and characterization of Cu-Ni-Sn alloys [J]. Materials, 2018, 11 (7): 1107-1115.

[51] North R F, Pryor M J. The influence of corrosion product structure on the corrosion rate of Cu-Ni alloys [J]. Corrosion Science, 1970, 10 (5): 297-311.

[52] Blundy R G, Pryor M J. The potential dependence of reaction product composition on copper-nickel alloys [J]. Corrosion Science, 1972, 12 (1): 65-75.

[53] Yang Fenfen, Kang Huijun, Guo Enyu, et al. The role of nickel in mechanical performance and corrosion behavior of nickel-aluminium bronze in 3.5% NaCl solution [J]. Corrosion Science, 2018 (139): 333-345.

[54] Swartzendruber L J, Bennett L H. The effect of Fe on the corrosion rate of copper rich CuNi alloys [J]. Scripta Metallurgica, 1968, 2 (2): 93-97.

[55] Popplewell J M, Hart R J, Ford J A. The effect of iron on the corrosion characteristics of 90-10

cupronickel in quiescent 3.4% NaCl solution [J]. Corrosion Science, 1973, 13 (4): 295-309.

[56] Pearson C. Role of iron in the inhibition of corrosion of marine heat exchangers-a review [J]. British Corrosion Journal, 1972, 7 (2): 8.

[57] Zhang Weibin, Du Yong, Zhang Lijun, et al. Atomic mobility, diffusivity and diffusion growth simulation for fcc Cu-Mn-Ni alloys [J]. Computer Coupling of Phase Diagrams and Thermochemistry, 2011, 35: 367-375.

[58] Watanabe T. An approach to grain-boundary design for strong and ductile polycrystals [J]. Res. Mech., 1984, 11 (1): 47-84.

[59] Oudriss A, Le Guernic S, Wang Z, et al. Meso-scale anisotropic hydrogen segregation near grain-boundaries in polycrystalline nickel characterized by EBSD/SIMS [J]. Materials Letters, 2016, 165: 217-222.

[60] Wang Zhigang, Feng Xingyu, Zhou Qiongyu, et al. Grain boundary characteristics optimization of 90Cu-10Ni copper-nickel alloy for improving corrosion resistance [J]. Corrosion, 2018, 74 (7): 819-828.

[61] Zhang Yinghui, Feng Xingyu, Song Chunmei, et al. Quantification of grain boundary connectivity for predicting intergranular corrosion resistance in BFe10-1-1 copper-nickel alloy [J]. MRS Communications, 2018, 7 (1): 211-218.

[62] Zhao Wuxin, Wu Yuan, Jiang Suihe, et al. Micro-alloying effects of yttrium on recrystallization behavior of an alumina-forming austenitic stainless steel [J]. Journal of Iron and Steel Research (International), 2016, 23 (6): 553-558.

[63] Chen Aiying, Hu Wenfa, Wang Ping, et al. Improving the intergranular corrosion resistance of austenitic stainless steel by high density twinned structure [J]. Scripta Materialia, 2017, 130: 264-268.

[64] Qu Wei, Ren Huiping, Jin Zili, et al. Effect of lanthanum on the microstructure and impact toughness of HSLA steel [J]. Rare Metal Materials and Engineering, 2018, 7: 2087-2092.

[65] Zhang Guoying, Zhang Hui, Wei Dan, et al. The mechanism of the influence of Bi (or Sb) and rare earth on high temperature performance of AZ91 magnesium alloy [J]. Acta Physica Sinica, 2009, 58 (1): 444-449.

[66] Stephanie A, Bojarski, Stuer M, et al. Influence of Y and La additions on grain growth and the grain-boundary character distribution of alumina [J]. J. Am. Ceram. Soc., 2014, 97 (2): 622-630.

[67] Warren B E. X-ray diffraction [M]. Massachusett: Addison-Wesley, 1969.

[68] Mao Xiangyang, Fang Feng, Jiang Jianqing, et al. Effect of rare earth on the microstructure and mechanical properties of as-cast Cu-30Ni alloy [J]. Rare Metals, 2010, 25 (6): 590-595.

[69] Chen Yan, Zhang Shihong, Song Hongwu, et al. Sudden transition from columnar to equiaxed grain of cast copper induced by rare earth microalloying [J]. Materials and Design, 2016, 91: 314-320.

[70] Liu Ying, Zhang Yong'an, Wang Wei, et al. The effect of La on the oxidation and corrosion resistance of Cu52Ni30Fe18 alloy inert anode for aluminum electrolysis [J]. Arabian Journal for Science and Engineering, 2018, 43: 6285-6295.

[71] Rosalbino F, Carlini R, Soggia F, et al. Influence of rare earth metals addition on the corrosion behaviour of copper in alkaline environment [J]. Corrosion Science, 2012, 58: 139-144.

[72] Bengough G D, Jones R M, Pirret R. The influence of corrosion product structure on the corrosion rate of Cu-Ni alloys [J]. The Journal of the Institute of Metals, 1920 (23): 65-158.

[73] Zhang Xian, Wallinder I O, Leygraf C. Mechanistic studies of corrosion product flaking on copper and copper-based alloys in marine environments [J]. Corrosion Science, 2014, 85: 15-25.

[74] Milošev I, Metikoš-Huković M. The behaviour of Cu-*x*Ni alloys in alkaline solutions containing chloride ions [J]. Electrochimica Acta, 1997, 42 (10): 1537-1548.

[75] Wang Zhigang, Song Chunmei, Zhang Yinghui, et al. Effects of yttrium addition on grain boundary character distribution and stacking fault probabilities of 90Cu10Ni alloy [J]. Materials Characterization, 2019, 151: 112-118.

[76] Kusama T, Omori T, Saito T, et al. Ultra-large single crystals by abnormal grain growth [J]. Nature Communications, 2017, 8 (1): 354-365.

[77] An X H, Qu S, Wu D, et al. Effects of stacking fault energy on the thermal stability and mechanical properties of nanostructured Cu-Al alloys during thermal annealing [J]. Mater Res., 2011, 26 (3): 407-415.

[78] Takayama Y, Szpunar J A. Stored energy and taylor factor relation in an Al-Mg-Mn alloy sheet worked by continuous cyclic bending [J]. Mater Trans, 2004, 45 (7): 2316-2325.

[79] Cao Fengting, Wei Jie, Dong Junhua, et al. The corrosion inhibition effect of phytic acid on 20SiMn steel in simulated carbonated concrete pore solution [J]. Corrosion Science, 2015, 100: 365-376.

[80] Ekerenam O O, Ma A, Zheng Y G, et al. Electrochemical behavior of three 90Cu-10Ni tubes from different manufacturers after immersion in 3.5% NaCl solution [J]. Journal of Materials Engineering and Performance, 2017, 26 (4): 1701-1716.

[81] Fattah-Alhosseini A, Naseri M, Gashti S O, et al. Effect of anodic potential on the electrochemical response of passive layers formed on the surface of coarse and fine-grained pure nickel in borate buffer solutions [J]. Corrosion Science, 2017, 131: 576-589.

[82] Liu Qu, Ma Qingxian, Chen Gaoqiang, et al. Enhanced corrosion resistance of AZ91 magnesium alloy through refinement and homogenization of surface microstructure by friction stir processing [J]. Corrosion Science, 2018, 138: 284-294.

[83] Ma A L, Jiang S L, Zheng Y, et al. Corrosion product film formed on the 90/10 copper-nickel tube in natural seawater: composition/structure and formation mechanism [J]. Corrosion Science, 2015, 91: 245-261.

[84] Hu Shengbo, Liu Li, Cui Yu, et al. Influence of hydrostatic pressure on the corrosion behavior of 90/10 coppernickel alloy tube under alternating dry and wet condition [J]. Corrosion Science, 2019, 146: 202-212.

[85] Frost R L. Raman spectroscopy of selected copper minerals of significance in corrosion [J]. Spectrochim. Acta Part A, 2003, 59 (6): 1195-1204.

[86] Luo Qin, Qin Zhenbo, Wu Zhong, et al. The corrosion behavior of Ni-Cu gradient layer on the nickel aluminum-bronze (NAB) alloy [J]. Corrosion Science, 2018, 138: 8-19.

[87] Colin S, Beche E, Berjoan R, et al. An XPS and AES study of the free corrosion of Cu, Ni and Zn-based alloys in synthetic sweat [J]. Corrosion Science, 1999, 41 (6): 1051-1065.

[88] Alam M T, Chan E W, Marco R D, et al. Understanding complex electrochemical impedance spectroscopy in corrosion systems using in-situ synchrotron radiation grazing incidence X-ray diffraction [J]. Electroanalysis, 2016, 28 (9): 1-6.

[89] Robinson J, Walsh F C. In situ synchrotron radiation X-ray techniques for studies of corrosion and protection [J]. Corrosion Science, 1993, 35 (1-4): 791-800.

[90] Kobayashi S, Kobayashi R, Watanabe T. Control of grain boundary connectivity based on fractal analysis for improvement of intergranular corrosion resistance in SUS316L austenitic stainless steel [J]. Acta Materialia, 2016, 102: 397-405.

[91] Dalal N, Triggs B. Histograms of oriented gradients for human detection [C]//International Conference on Computer Vision & Pattern Recognition (CVPR'05) . IEEE Computer Society, 2005, 1: 886-893.

[92] Tian Yonglong, Luo Ping, Wang Xiaogang, et al. Pedestrian detection aided by deep learning semantic tasks [C]//Proceedings of the IEEE Conference on Computer Vision and Pattern Recognition, 2015: 5079-5087.

[93] Yan Shiyang, Teng Yuxuan, Smith J S, et al. Driver behavior recognition based on deep convolutional neural networks [C]//2016 12th International Conference on Natural Computation, Fuzzy Systems and Knowledge Discovery (ICNC-FSKD) . IEEE, 2016: 636-641.

[94] Kumar A, Irsoy O, Ondruska P, et al. Ask me anything: dynamic memory networks for natural language processing [C]//International Conference on Machine Learning. 2016: 1378-1387.

[95] Le Cun Y, Bottou L, Bengio Y, et al. Gradient-based learning applied to document recognition [J]. Proceedings of the IEEE, 1998, 86 (11): 2278-2324.

[96] Krizhevsky A, Sutskever I, Hinton G E. Imagenet classification with deep convolutional neural networks [C]//Advances in Neural Information Processing Systems, 2012: 1097-1105.

[97] Sainath T N, Kingsbury B, Saon G, et al. Deep convolutional neural networks for large-scale speech tasks [J]. Neural Networks, 2015, 64: 39-48.

[98] Szegedy C, Liu W, Jia Y, et al. Going deeper with convolutions [C]//Proceedings of the IEEE Conference on Computer Vision and Pattern Recognition, 2015: 1-9.

[99] He Kaiming, Zhang Xiangyu, Ren Shaoqing, et al. Deep residual learning for image recognition

[C]//Proceedings of the IEEE Conference on Computer Vision and Pattern Recognition, 2016: 770-778.

[100] Hu Jie, Shen Li, Albanie S. Squeeze-and-excitation networks [C]//Proceedings of the IEEE Conference on Computer Vision and Pattern Recognition, 2018: 7132-7141.

[101] Jarrett K, Kavukcuoglu K, Le Cun Y. What is the best multi-stage architecture for object recognition [C]//2009 IEEE 12th International Conference on Computer Vision (ICCV). IEEE, 2009: 2146-2153.

[102] Hinton G E, Srivastava N, Krizhevsky A, et al. Improving neural networks by preventing co-adaptation of feature detectors [J]. Computer Science, 2012, 3 (4): 212-223.

[103] Lin Min, Chen Qing, Yan Shuicheng. Network in network [J]. Computer Science, 2013.

[104] Zeiler M D, Fergus R. Stochastic pooling for regularization of deep convolutional neural networks [J]. Eprint Arxiv, 2013.

[105] Bruna J, Zaremba W, Szlam A, et al. Spectral networks and locally connected networks on graphs [J]. Computer Science, 2013.

[106] Hubel D H, Wiesel T N. Receptive fields, binocular interaction and functional architecture in the cat's visual cortex [J]. The Journal of Physiology, 1962, 160 (1): 106-154.

[107] Fukushima K. Neocognitron: a self-organizing neural network model for a mechanism of pattern recognition unaffected by shift in position [J]. Biological Cybernetics, 1980, 36 (4): 193-202.

[108] Le Cun Y, Bengio Y, Hinton G. Deep learning [J]. Nature, 2015, 521 (7553): 436-444.

[109] Xu Bing, Wang Naiyan, Chen Tianqi, et al. Empirical evaluation of rectified activations in convolutional network [J]. Computer Ence, 2015.

[110] He Kaiming, Sun Jian. Convolutional neural networks at constrained time cost [C]// Proceedings of the IEEE Conference on Computer Vision and Pattern Recognition, 2015: 5353-5360.

[111] Liang Ming, Hu Xiaolin. Recurrent convolutional neural network for object recognition [C]. //Proceedings of the IEEE Conference on Computer Vision and Pattern Recognition, 2015: 3367-3375.

[112] Chen A Y, Hu W F, Wang D, et al. Improving the intergranular corrosion resistance of austenitic stainless steel by high density twinned structure [J]. Scripta Materialia, 2017, 130: 264-268.

[113] Li Huizhong, Yao Sancheng, Liang Xiaopeng, et al. Grain boundary pre-precipitation and its contribution to enhancement of corrosion resistance of Al-Zn-Mg alloy [J]. Transactions of Nonferrous Metals Society of China, 2016, 26 (3): 2523-2531.

[114] Telang A, Gill A S, Kumar M, et al. Iterative thermomechanical processing of alloy 600 for improved resistance to corrosion and stress corrosion cracking [J]. Acta Materialia, 2016, 113: 180-193.

[115] Yan J, Heckman N M, Velasco L, et al. Improve sensitization and corrosion resistance of an

Al-Mg alloy by optimization of grain boundaries [J]. Scientific Reports, 2016, 6: 268-270.

[116] Yang Xiaoyi, Chen Hui, Li Cuncai, et al. Intergranular corrosion resistance and microstructure of laser-metal active gas hybrid welded type 301L-MT stainless steel joint [J]. Corrosion, 2017, 73 (10): 1202-1212.

[117] Palumbo G, Aust K T, Erb U, et al. On annealing twins and CSL distributions in fcc polycrystals [J]. Physica Status Solidi (a), 1992, 131 (2): 425-428.

[118] Jeong D H, Gonzalez F, Palumbo G, et al. The effect of grain size on the wear properties of electrodeposited nanocrystalline nickel coatings [J]. Scripta Materialia, 2001, 3 (44): 493-499.

[119] Wang Shenglong, Zhang Mingxian, Wu Huanchun, et al. Study on the dynamic recrystallization model and mechanism of nuclear grade 316LN austenitic stainless steel [J]. Materials Characterization, 2016, 118: 92-101.

[120] Devaraj A, Kovarik L, Kautz E, et al. Grain boundary engineering to control the discontinuous precipitation in multicomponent U10Mo alloy [J]. Acta Materialia, 2018, 151: 181-190.

[121] Yamada G, Kokawa H, Yasuda Y, et al. Effect of post-GBE strain-sensitisation on corrosion resistance of grain boundary engineered 304 austenitic stainless steel [J]. Philosophical Magazine, 2013, 93 (10-12): 1443-1453.

[122] Feng Wen, Yang Sen, Yan Yinbiao. Dependence of grain boundary character distribution on the initial grain size of 304 austenitic stainless steel [J]. Philosophical Magazine, 2017, 97 (13): 1057-1070.

[123] Shimada M, Kokawa H, Wang Z J, et al. Arrest of intergranular corrosion in austenitic stainless steel by twin-induced grain boundary engineering (student poster session) [C]// Proceedings of the Asian Pacific Conference on Fracture and Strength and International Conference on Advanced Technology in Experimental Mechanics. The Japan Society of Mechanical Engineers, 2001: 1036-1040.

[124] Kobayashi S, Maruyama T, Tsurekawa S, et al. Grain boundary engineering based on fractal analysis for control of segregation-induced intergranular brittle fracture in polycrystalline nickel [J]. Acta Materialia, 2012, 60 (17): 6200-6212.

[125] Mandelbrot B B, Passoja D, Paullay A J. Fractal character of fracture surfaces of metals [J]. Nature, 1984, 308 (5961): 721-722.

[126] Hornbogen E. Fractals in microstructure of metals [J]. International Materials Reviews, 1989, 34 (1): 277-296.

[127] Tanaka M. Characterization of grain boundaries by fractal geometry and creep-rupture properties of heat-resistant alloys/charakterisierung von korngrenzen nach konzepten fraktaler geometrie und die kriecheigenschaften warmfester legierungen [J]. International Journal of Materials Research, 1991, 82 (6): 442-447.

[128] Zhang Luchan, Gu Yejun, Xiang Yang. Energy of low angle grain boundaries based on

continuum dislocation structure [J]. Acta Mater, 2017, 126: 11-24.

[129] Deepak K, Mandal S, Athreya C N, et al. Implication of grain boundary engineering on high temperature hot corrosion of alloy 617 [J]. Corrosion Science, 2016, 106: 293-297.

[130] Miura H, Andiarwanto S, Sato K, et al. Preferential dynamic nucleation at triple junction in copper tricrystal during high-temperature deformation [J]. Materials Transactions, 2002, 43 (3): 494-500.

[131] Shin S S, Kim H K, Lee J C, et al. Effect of sub-T gannealing on the corrosion resistance of the Cu-Zr amorphous alloys [J]. Acta Metallurgica Sinica (English Letters), 2018, 31 (3): 273-280.

[132] Souza C A C, Ribeiro D V, Kiminami C S. Corrosion resistance of Fe-Cr-based amorphous alloys: an overview [J]. Journal of Non-Crystalline Solids, 2016, 442: 56-66.

[133] Anthimopoulos M, Christodoulidis S, Ebner L, et al. Lung pattern classification for interstitial lung diseases using a deep convolutional neural network [J]. IEEE Transactions on Medical Imaging, 2016, 35 (3): 1207-1216.

[134] Cai Zhaowei, Fan Quanfu, Feris R S, et al. A unified multi-scale deep convolutional neural network for fast object detection [C]//European Conference on Computer Vision. Springer, Cham, 2016: 354-370.

[135] Du Chaoben, Gao Shesheng. Image segmentation-based multi-focus image fusion through multi-scale convolutional neural network [J]. IEEE Access, 2017, 5: 15750-15761.

[136] Roth H R, Lu L, Seff A, et al. A new 2. 5 D representation for lymph node detection using random sets of deep convolutional neural network observations [C]//International Conference on Medical Image Computing and Computer-Assisted Intervention. Springer, Cham, 2014: 520-527.

[137] Cheng Mingming, Zhang Guoxin, Mitra N J, et al. Global contrast based salient region detection [J]. IEEE Transactions on Pattern Analysis and Machine Intelligence, 2015, 37 (3): 569-582.

[138] Girshick R, Donahue J, Darrell T, et al. Rich feature hierarchies for accurate object detection and semantic segmentation [C]//Proceedings of the IEEE Conference on Computer Vision and Pattern Recognition, 2014: 580-587.

[139] Girshick R. Fast r-cnn [C]//Proceedings of the IEEE International Conference on Computer Vision, 2015: 1440-1448.

[140] Ren Shaoqing, He Kaiming, Girshick R, et al. Faster r-cnn: towards real-time object detection with region proposal networks [C] //Advances in Neural Information Processing Systems, 2015: 91-99.